Carnet d'entretien

_____

Port d'attache: _____

Date initiale: _____

Date de complétion: _____

Carnet d'entretien

Installation moteur unique

En complément des livres Marine Diesel Basics

Créé et illustré par Dennison Berwick

Traduit par Tom Blancart

1e Édition 2022

Disponible sous les formats suivants :

Broché	Carnet d'entretien – moteurs unique	ISBN 978-1-990755-10-1
	Carnet d'entretien – moteur jumelés	ISBN 978-1-990755-13-2
Relié	Carnet d'entretien – moteurs unique	ISBN 978-1-990755-11-8
	Carnet d'entretien – moteur jumelés	ISBN 978-1-990755-14-9
Reliure spirale	Carnet d'entretien – moteurs unique	ISBN 978-1-990755-12-5
	Carnet d'entretien – moteur jumelés	ISBN 978-1-990755-15-6

Carnet d'entretien digital (PDF) Disponible pour Ipad et tablettes – cliquez et modifiez. Télécharger à partir de www.marinedieselbasics.com (anglais uniquement)

Avis de non-responsabilité

Un effort consciencieux a été fait pour vérifier et revérifier l'exactitude de toutes les informations contenues dans ce livre. Cependant, les conceptions et modèles d'équipement, l'installation et les conditions sur différents types et âges de navires varient énormément. L'auteur et l'éditeur n'assument aucune responsabilité pour toute blessure corporelle, tout dommage matériel ou toute autre perte de quelque nature que ce soit résultant d'actions entreprises sur la base ou à partir d'informations ou de conseils contenus dans ce livre. Assurez-vous de bien comprendre l'équipement et les procédures avant de commencer tout travail. En cas de doute, contactez un mécanicien marin professionnel. L'utilisation de ce livre implique l'acceptation de cette clause de non-responsabilité.

Remerciements

Merci à tous ceux qui m'ont aidé à concevoir, créer et vérifier le contenu de ce Carnet d'entretien, notamment Arie Agniyadis, Mark Bryant, Estelle Evans, Peter Jarrett, Annette Maclean, Denbigh Patton, Simone Pertuiset, Jiri Skopek, Michele Pippen et Andy Robinson. Remerciements particuliers à Tom Blancart pour sa traduction soignée. Bien entendu, toute erreur ou omission n'appartient qu'à moi.
Et merci au Commodore Ed Hill et aux membres et au personnel du Tanga Yacht Club, Tanzanie, pour leur accueil et leur hospitalité.

Dennison Berwick

Voyage Press

7B Pleasant Boulevard, Unit #1045
Toronto, Ontario
Canada M4T 1K2

www.marinedieselbasics.com

En complément de ce carnet d'entretien

Marine Diesel Basics 1

2e édition

Montre comment effectuer tous les entretiens de base, le désarmement & la remise en service

- plus de 350 illustrations simples et claires
- 64 tâches d'entretien
- 66 tâches d'hivernage/ désarmement
- 53 tâches de remise en service

- 222 pages • index complet
- versions reliée, brochée, reliure spirale, e-book
- livre broché à 17,99 USD, e-book à 11,99 USD
- plus de 9 000 exemplaires vendus

". . . Le meilleur guide sur le sujet que j'ai vu, ce livre a un place sur chaque bateau équipé d'un moteur diesel. "

Sail Magazine

". . . grâce à ses instructions simples et visuelles, ce livre est un énorme atout pour ceux qui souhaitent se familiariser un peu plus avec la salle des machines... c'est une source de d'information essentielle pour quiconque débute sur les moteurs diesel en raison de ses illustrations claires. . . Je le recommande fortement."

Good Old Boat

"Les excellentes illustrations de l'auteur (il y en a plus de 300) facilitent la compréhension du texte. Chaque étapes de l'entretien régulier, du dépannage, du décommissionnent et de la remise en service sont couvertes. J'ai particulièrement aimé la structure de ce livre. . . Hautement recommandé."

Australian Sailing

Disponible en ligne et en librairie
- librairies nautiques
- magasins de marine et d'accastillages
- Amazon • Kindle
- disponible sur www.marinedieselbasics.com

Actuellement disponible en anglais uniquement, avec une liste détaillée de mots techniques anglais-français disponible gratuitement sur le site :

Table des matières

Table des matières

Liste des Illustrations

Bienvenu dans votre carnet d'entretien

Ce carnet d'entretien est conçu pour vous aider à entretenir facilement l'intégralité de votre système diesel marin :

Illustrations – plus de 40 Illustrations des inspections courantes et des composants importants. Voir la liste complète à la page vi.

Inventaire – un lieu unique pour conservez les numéros de pièces et de modèles afin de faciliter l'entretien (par exemple, numéros de filtre a carburant, dates d'installation de la batterie, taille et rotation de l'hélice, etc).

Calendrier d'entretien – listes de contrôle des tâches de maintenance courantes, par jour, semaine, mois, etc. Cochez au fur et à mesure de complétion du contrôle et inscrivez les prochaines dates de service.

Inspections – des illustrations claires pour montrer ce qu'il faut rechercher lors des inspections - courroies, turbines, jauges, hélice, etc. Voir la liste complète à la page 38.

Journal de bord – conservez un historique complet de tous les travaux effectués sur toutes les parties du système - quoi, qui et quand.

Résumés – assurez-vous que les tâches importantes ne soient pas omises par inadvertance. Pages de résumé pour des tâches spécifiques, par ex. les vidanges d'huile, les changements de turbine, etc. À quelle fréquence les anodes sont-elles remplacées ? La fréquence a-t-elle changé ?

Mesures et conversions – formules et tableaux faciles à utiliser pour 14 mesures importantes : tailles équivalentes métriques et impériale, trous de perçage et tailles de tarauds.

Index – index complet de tous les sujets de ce carnet d'entretien.

Pourquoi un carnet d'entretien

Tenir un carnet d'entretien est l'un des moyens les plus simples et les plus importants d'assurer le bon fonctionnement et la longévité de tous les équipements mécaniques d'un bateau. Plus il sera complet et détaillée, plus un carnet d'entretien devient utile au fil du temps. Votre carnet d'entretien rempli ces fonctions importantes:

1 - historique de ce qui a été fait, quand et par qui. L'entretien de routine régulier - tel que changements d'huile et de filtre – est la base d'un système diesel marin fiable :

> • un diagnostic commence souvent par un retour en arrière jusqu'au travail le plus récent qui a été effectué et de vérifier si quelque chose a été oublié

2 - marques, modèles et numéros de série – conservez toutes les informations en un seul endroit organisé et facilement accessible

> • la commande correcte des pièces de rechange, etc. dépend de la précision des numéros de modèle et de série

3- observation précoce des problèmes potentiels – de nombreux problèmes se développent lentement et sont souvent simple à corriger si pris tôt:

> • les notes détaillées sont une aide pratique pour le diagnostic étape par étape

4- Historique des performances du moteur et du système – la simple prise de notes améliore la vue d'ensemble de tous les aspects du système diesel marin :

> • savoir ce qui est « normal » aide à détecter rapidement les problèmes potentiels

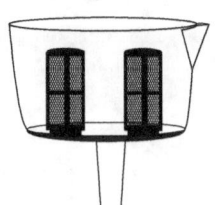

Utilisez un entonnoir à filtre pour pré-filtrer et aider à garder l'eau et les sédiments hors du réservoir.

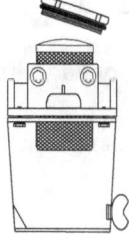

Une crépine à ouverture par le haut permet de nettoyer le panier plus facilement. Si le joint torique fuit, de l'air sera aspiré dans la pompe à eau de mer

Informations sur le bateau

Marque et modèle du navire : _____

_____ Année de construction : _____

Longueur hors-tout : _____Numéro de coque : _____

Tirant d'eau : _____ Tirant d'air : _____ Largeur hors membres : _____

Numéro de licence/d'enregistrement : _____Date de renouvellement : _____

Emplacement : _____ papier ☐ pdf ☐

MMSI : _____ Indicatif radio : _____

Compagnie d'assurance : _____

Adresse : _____

Numéro de téléphone : _____

E-mail : _____

Numéro de contrat : _____ Date de renouvellement : _____

Emplacement : _____ papier ☐ pdf ☐

Commentaires : _____

Coordonnées – Chantiers navals, marinas et ateliers de mécanique

Nom/adresse : _____

Numéros de téléphones : _____

E-mail : _____

Nom/adresse : _____

Numéros de téléphones : _____

E-mail : _____

Nom/adresse : _____

Numéros de téléphones : _____

E-mail : _____

Inventaire du système diesel

Marque et modèle : _____ Année : _____

Numéro de série : _____ Puissance (CV kW) : _____ Nombres de cylindres : ____

Nb d'heures : _____ Date : _____ Nb d'heures : _____ Date : _____

Sens de rotation : _____ Date de révision/reconstruction : _____

Supports moteur   Marque et taille du modèle : _____ Date d'installation :_____

Manuels du moteur   manuel service ◯   manuel atelier ◯   liste pièces ◯   papier ◯   pdf ◯

Voir la liste complète des manuels en p27

Inventaire

Emplacement de toutes les vannes d'eau de mer – refroidissement moteur, cuisine, toilettes, etc.

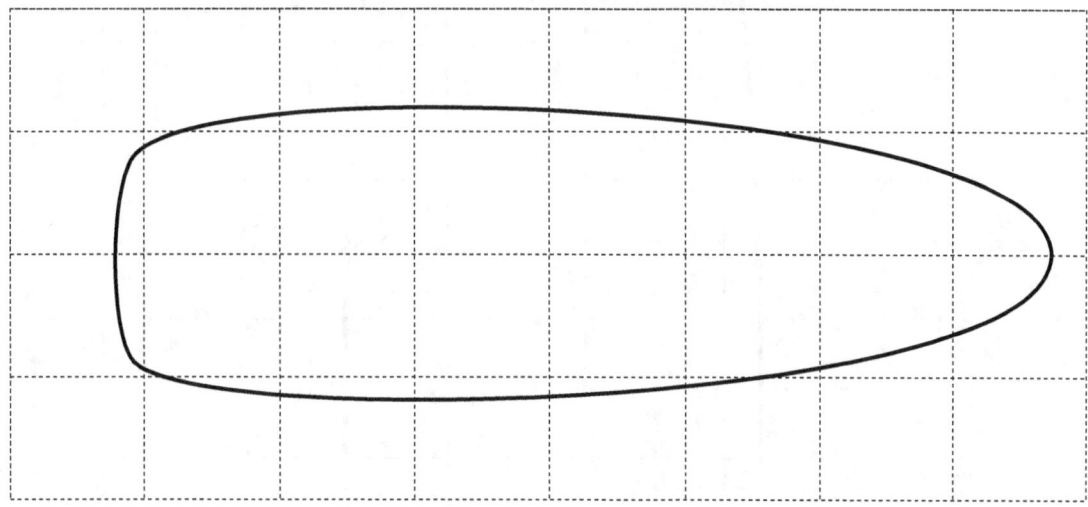

Taille en micron : Á quel point petit est petit ?

> La saleté dans le filtre à carburant primaire peut être trop petite pour être vue

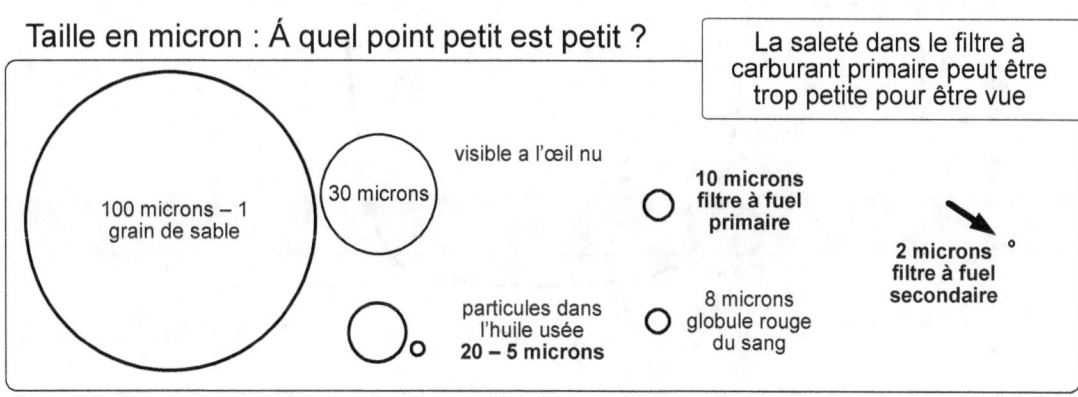

100 microns – 1 grain de sable

30 microns

visible a l'œil nu

10 microns filtre à fuel primaire

2 microns filtre à fuel secondaire

particules dans l'huile usée
20 – 5 microns

8 microns globule rouge du sang

Emplacements :
- Réservoirs de fuel
- Nables à fuel
- Évents de réservoir de fuel
- Tuyaux de fuel
- Vannes d'arrêt
- Câblage de la jauge de fuel

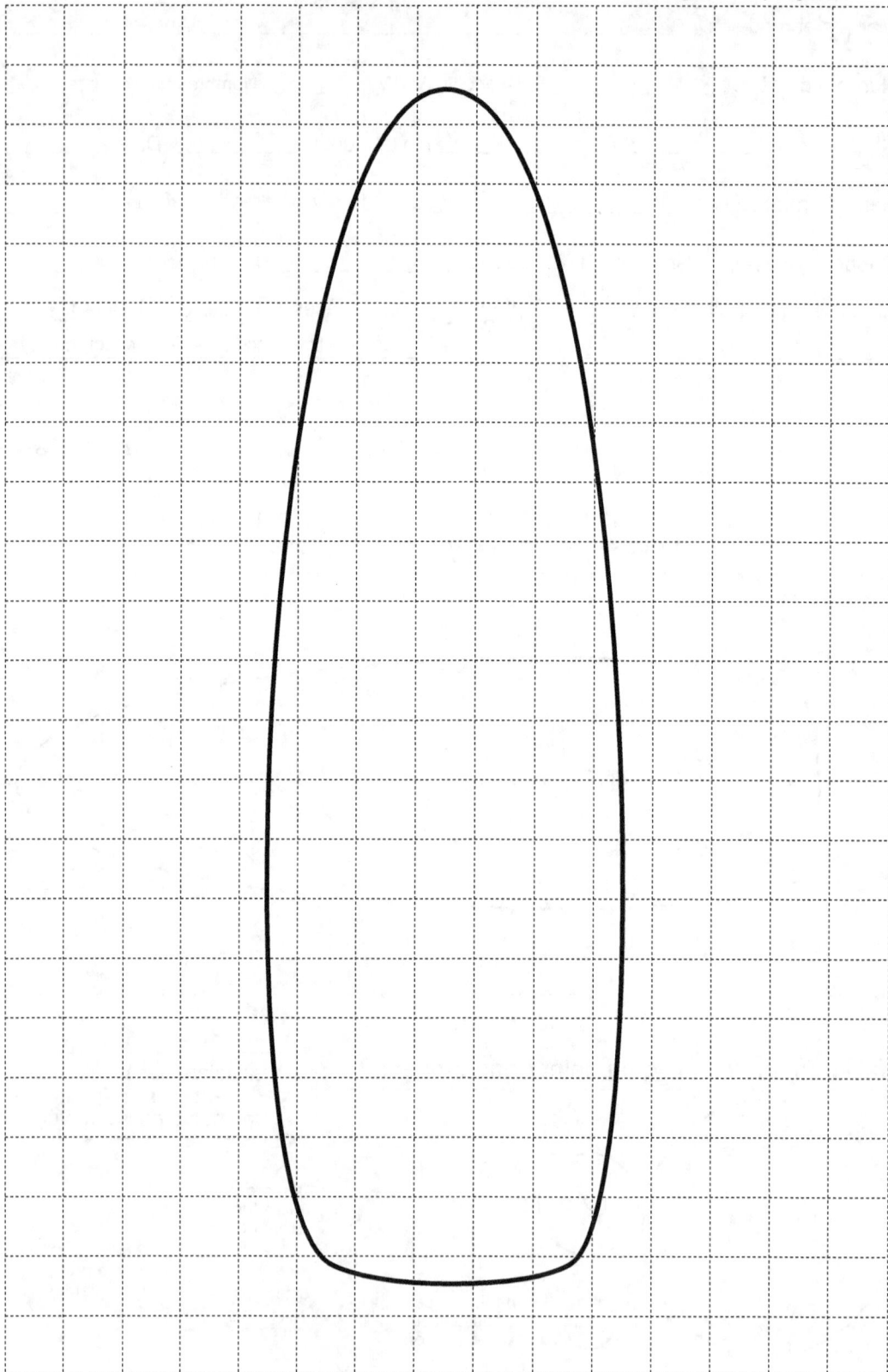

Réservoirs de fuel

Nombre de réservoirs : _____ Capacité totale : _____ Litres

Réservoir de fuel Nº 1 _____ Capacité : _____ Litres

Matériaux de
construction : _____ Année de construction : _____

Réparations : _____

Diamètre et année
d'installation des
tuyaux à fuel :

Tuyaux à fuel : _____ mm   D'alimentation : _____ mm

Évent : _____ mm   Retour : _____ mm

Emplacement des vannes de carburant

Inventaire

fermer les vannes
entre les réservoirs

connaître l'emplacement des
vannes de fuel peut aider à
empêcher les écoulements
si un tuyau se rompt

Réservoir de fuel Nº 2 _____ Capacité : _____ Litres

Matériaux de
construction : _____ Année de construction : _____

Réparations : _____

Diamètre et année
d'installation des
tuyaux à fuel :

Tuyaux à fuel : _____ mm   D'alimentation : _____ mm

Évent : _____ mm   Retour : _____ mm

Réservoir de fuel Nº 3 _____ Capacité : _____ Litres

Matériaux de
construction : _____ Année de construction : _____

Réparations : _____

Diamètre et année
d'installation des
tuyaux à fuel :

Tuyaux à fuel : _____ mm   D'alimentation : _____ mm

Évent : _____ mm   Retour : _____ mm

Filtres à fuel

Filtre séparateur **primaire** – marque et modèle : _____

Nº d'éléments de filtre : _____   Taille particules : _____
(micron)

_____

5 conceptions de filtres primaires dit « séparateurs » - destinés à séparer l'eau et la saleté du fuel

Filtre séparateur **secondaire** – marque et modèle : _____

Nº d'éléments de filtre : _____   Taille particules : _____
(micron)

_____

Pompes à fuel – pompes de relevage et d'injection

Pompes de relevage :   mécanique ☐   électrique ☐   pompe auxiliaires   non installées ☐
installées ☐

Numéro de modèle : _____

Pompe d'injection marque et modèle : _____

Type de pompe d'injection
      mécanique – en ligne ☐   électronique – rail commun ☐
      mécanique – distributeur ☐   électronique – distributeur rotatif ☐

Manuel de pompe d'injection :   non ☐   oui ☐   Lieu de rangement : _____

Commentaires : _____

API/SAE « donut »

Le « donut » API/SAE sur les bidons d'huile moteur fournit trois éléments d'information clés sur les spécifications de l'huile :

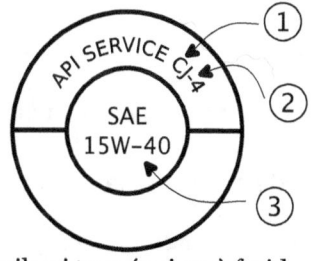

1) C – compression/diesel *ou* S – étincelle/essence
2) Catégorie de service J – dernière norme pour les modèles plus récents
3) viscosité – multigrade ou monograde (ex. SAE30)

Un débit d'huile adéquat à toutes les températures nécessite une huile ni trop épaisse à froid ni trop fluide à la température normale de fonctionnement du moteur. Un nombre bas indique une viscosité plus basse, l'huile est plus épaisse. Les huiles multigrades (c'est-à-dire les huiles mélangées) cherchent à fournir des performances optimales dans un large gamme de températures ambiantes et sont importantes pour le démarrage du moteur par temps froid. Les huiles monogrades offrent un service optimal dans un gamme de températures restreinte.

Les huiles multigrades ont deux chiffres séparés par la lettre "W" pour l'hiver (« winter » en anglais) ou le démarrage à froid (par ex. 10W30 ou "10-30").

Un 10W30 a la même viscosité à froid qu'une huile SAE10 pure et la même viscosité à chaud qu'une huile SAE30.

Inventaire

Additifs pour huile moteur

Les additifs représentent 15 à 25 % de l'huile de moteur diesel et sont les ingrédients spéciaux qui améliorent les performances du moteur et en réduise l'usure. Les additifs se détériorent avec le temps, il est donc essentiel de changer l'huile au moins aussi souvent que spécifié par le fabricant, ainsi que si le moteur a surchauffé ou si une huile de qualité inférieure a été utilisée (si n'y avait rien d'autre de disponible, par exemple). Neuf types d'additifs sont utilisé; chacun a un travail spécifique à faire :

1. <u>dispersants</u> – aident à maintenir les contaminants (par exemple, le carbone, les particules métalliques) en suspension dans l'huile jusqu'à ce qu'ils soient éliminés par le filtre à huile qui aide à prévenir la formation de boues de carbone.

2. <u>détergents</u> – aident à empêcher la formation de dépôts de carbone sur les surfaces à haute température, tels que les roulements et les pistons.

3. <u>anti-usure</u> – lubrification cruciale pour empêcher l'usure des surfaces en contact métal sur métal ; Cet additif est sacrificiel et s'use avec le temps.

4. <u>réducteurs/modificateurs</u> de friction – modifient les qualités de friction d'une huile en réduisant l'usure et réduisant ainsi la consommation de carburant.

5. <u>inhibiteur d'oxydation/antioxydant</u> – ralentit les effets de l'exposition à l'oxygène à hautes températures; l'oxydation dans l'huile vieillie contribue à la formation de boues et à l'épaississement de l'huile.

6. <u>anti-mousse</u> – réduit la formation de bulles d'air lors de la circulation de l'huile ; les bulles d'air peuvent contenir des gaz de combustion qui provoquent des trous dans les surfaces métalliques. La présence d'air cause une absence de lubrification.

7. <u>inhibiteur de corrosion/rouille</u> – recouvre les surfaces pour prévenir la rouille et neutraliser les acides, tels que l'acide sulfurique formé à partir de la vapeur d'eau dans l'air et du soufre dans le carburant.

8. <u>améliorant d'indice de viscosité</u> – modifie la fluidification de l'huile à haute température, ce qui permet d'améliorer les performances à basse température.

9. <u>dépresseur de point d'écoulement</u> – utilisé dans l'huile multigrade pour améliorer la capacité de s'écouler à faible températures, ce qui facilite le démarrage à froid dans les climats froids.

Lubrification moteur

Capacité en huile moteur : _____ Litres

Marque et grade de viscosité de l'huile moteur : _____

Numéro de filtre à huile : _____

Numéro de filtre à huile alternatif : _____

Refroidisseur d'huile :   non ☐ oui ☐   Filtre d'évent de carter :   non ☐ oui ☐

Commentaires : _____

_____

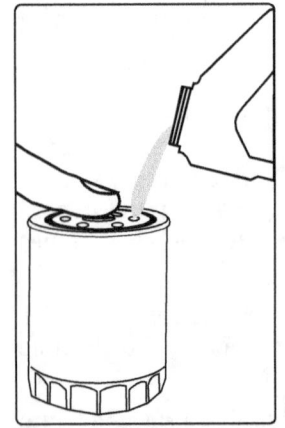

Couvrir le trou central en cas
de pré-remplissage du filtre

Graisser **les deux** extrémités de toutes les
commandes câbles aide à prévenir la rouille et
la corrosion :

· contrôle de l'accélérateur
· contrôle de transmission (câble d'inverseur)
· câble d'arrêt (si pas de solénoïde électrique)

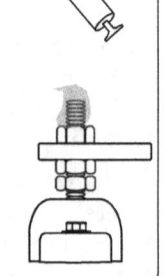

Le graissage des filetages des
supports moteur aide à prévenir le
grippage
qui peut rendre l'alignement du moteur
extrêmement difficile

Graisser les câbles de commande de moteur

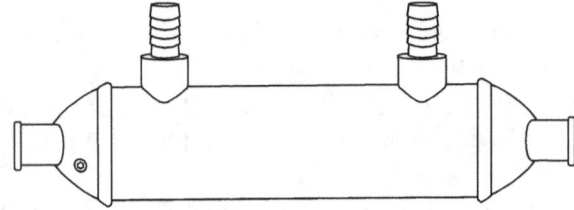

Un échangeur est
généralement installé pour
refroidir l'huile sur les gros
moteurs. Vérifiez si une
anode est installée.

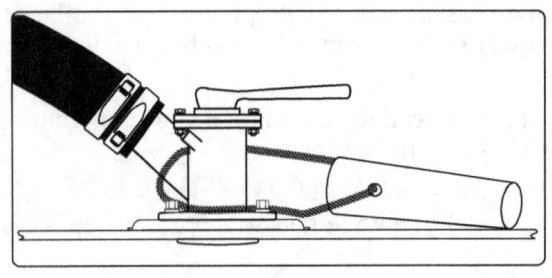

Attachez une pinoche en bois à
chaque passe-coque au cas ou le
tuyau ou la vanne se briseraient

Système de refroidissement

Type de refroidissement :   eau de mer ☐   refroidissement par **quille** : ☐   refroidissement par **air** : ☐

indirect ☐   direct ☐

Type de vanne d'eau de mer : _____ Date d'installation : _____

Marque et modèle du filtre à eau : _____ Date d'installation : _____

Durites d'eau de mer : _____ Date d'installation : _____

Marque et modèle de pompe à eau de mer : _____

Type de pompe :   mécanique ☐   courroie ☐   numéro de courroie : _____

Marque et modèle de turbine d'eau de mer : _____ | **Inventaire**

Marque et modèle alternatif : _____

Marque et modèle d'échangeur : _____

Marque et modèle d'anti siphon : _____

extracteur
de turbine

la plupart des turbines peuvent être retirées avec une traction lente, régulière et uniforme, à l'aide de n'importe quel outil qui n'endommage pas les pales.

Capacité de liquide de refroidissement : _____ Litres   Date du dernier changement : _____

Marque du liquide de refroidissement : _____

Commentaires : _____

_____

_____

_____

Admission et échappement d'air

Admission

Filtre a air :   non ☐   oui ☐   type : _____

Ventilateur à l'entrée : non ☐   oui ☐   modèle : _____

Ventilateur à la sortie : non ☐   oui ☐   modèle : _____

Turbocompresseur :   non ☐   oui ☐   marque et modèle : _____

Refroidisseur d'admission :   non ☐   oui ☐   marque et modèle : _____

Commentaires : _____

_____

_____

admission d'air avec
pré-filtre en mousse

la cartouche peut
être nettoyée ou
remplacée

déclipser l'extrémité
pour sortir la cartouche

Les filtres à air en mousse
peuvent être lavés
à l'eau tiède savonneuse

Certaines cartouches de filtre à air peuvent être nettoyées avec une brosse

Échappement

Type de système :   échappement sec ☐   échappement humide ☐   _____

Colonne montante de gaz d'échappement   fonte d'acier ☐   inox ☐   autre ☐
– matériau de construction :

Date d'installation/ dernière réparation : _____

Durite d'échappement   diamètre (int. et ext.) _____ Date d'installation : _____

« waterlock » marque et modèle :_____ Vis de purge : non ☐   oui ☐

Commentaires : _____

_____

_____

Système électrique – batteries

Panneaux solaires Nb de watts : _____   Éolienne ampérage nominal : _____

nombre de batteries
(y compris domestiques) _____   Alternateurs   sortie nominale : _____amps / kW

Ampérage total avec batteries domestiques en parallèle à la batterie de démarrage : _____

Batterie de démarrage **moteur**

nombre de bancs   Voltage   6v ◯   12v ◯   24v ◯   voltage de
de batteries :   fonctionnement : _____

Type de batterie :   plomb/acide ◯   ouverte ◯   gel ◯   AGM ◯   lithium ◯
                                       scellée ◯

   CCA* _____   MCA* _____   Amp/H _____

Marque et modèle : _____   **Inventaire**

Taille du groupe : _____

Date d'installation : _____

*CCA – Cold Cranking Amps   voir page 189   *MCA – Marine Cranking Amps
= Ampérage de démarrage à froid   = Ampérage de démarrage marin

une vis de purge est très
utile sur les système
« waterlock »

Nettoyer les accumulations   les petits conduits d'eau se
calcaires et la rouille de la   bouchent facilement avec débris
colonne échappement avec   de pales cassées de turbine
du fil de fer rigide

Autres bancs de batteries

Nombre de bancs   Voltage   6v ◯   12v ◯   24v ◯   Voltage de
de batteries :   fonctionnement : _____

Type de batterie :   plomb/acide ◯   ouverte ◯   gel ◯   AGM ◯   lithium ◯
                                       scellée ◯

   CCA* _____   MCA* _____   Amp/H _____

Marque et modèle : _____

Taille du groupe : _____   Date d'installation : _____

Commentaires : _____

Système électrique – alternateurs

Nombre total d'alternateurs : _____ Sortie nominale totale : _____

Alternateur Nº 1

marque et modèle : _____

Sortie nominale : _____ Date d'installation : _____ Type de courroie
- courroie en V ⬜
- serpentine ⬜

Longueur externe
de la courroie : _____ Largeur supérieure : _____ Profondeur : _____mm

Numéro de la courroie :_____

Régulateur
de charge :
- interne ⬜   Marque et modèle : _____
- externe ⬜
- intelligent ⬜   Date d'installation : _____

Commentaires : _____

_____

_____

Alternateur Nº 2

marque et modèle : _____

Sortie nominale : _____ Date d'installation : _____ Type de courroie
- courroie en V ⬜
- serpentine ⬜

Longueur externe
de la courroie : _____ Largeur supérieure : _____ Profondeur :_____mm

Numéro de la courroie :_____

Régulateur
de charge :
- interne ⬜   Marque et modèle : _____
- externe ⬜
- intelligent ⬜   Date d'installation : _____

Commentaires : _____

_____

_____

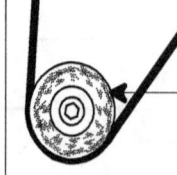

trop de tension déforme et endommage les roulements d'alternateur et peuvent en changer l'alignement

trop peu de tension va user rapidement la courroie.
De la poussière noire est un signe de manque de tension ou de désalignement des poulies.

Anodes – tout le bateau

Anode(s) - moteur non ☐ oui ☐ Type : zinc ☐ aluminium ☐ magnésium ☐

Taille : _____ Emplacement sur le moteur : _____

_____

Anode d'hélice non ☐ oui ☐ Type : zinc ☐ aluminium ☐ magnésium ☐

Taille : _____ Emplacement sur le moteur : _____

_____

Voir aussi *Saildrives* p24

ne pas mélanger les types d'anodes sur un bateau

Types d'anodes
zinc – eau de mer
magnésium – eau douce
aluminium – eau saumâtre,
eau douce ou eau de mer

Inventaire

Anodes de coque non ☐ oui ☐ Type : zinc ☐ aluminium ☐ magnésium ☐

Taille : _____ Emplacement sur le moteur : _____

_____

Nombre d'anodes installées _____ emplacement - moteur, arbre d'hélice, hélice, coque

Commentaires : _____

_____

_____

Inverseur/ transmission

Inverseur marque et modèle : _____

_____

Numéro de série : _____

Type :　　hydraulique ☐　　mécanique ☐　　Date d'installation : _____

Huile transmission _____ Capacité : _____ Litres
　ou huile moteur :

Rapports de démultiplication:　Position A : _____　Position B : _____

Échangeur de transmission :　　non ☐ oui ☐

Anode :　　non ☐　　oui ☐　zinc ☐　　aluminium ☐　　magnésium ☐

Type de Plaque d'entraînement : _____

Date de la dernière inspection : _____

Transmission : Taille de l'arbre d'entrée : _____ mm　Nb. de cannelures _____
　　　　　　　　　　　　　　　　　　　　　　　　　　　d'arbre :

　　　　　　　Taille de l'arbre de sortie : _____ mm　Nb. de cannelures _____
　　　　　　　　　　　　　　　　　　　　　　　　　　d'arbre:

Commentaires : _____

Accouplement flexible :　　non ☐ oui ☐　　Date d'installation : _____

Marque et modèle : _____

Position de l'inverseur en navigation*　　　　neutre (libre) ☐　　engagé AV/AR ☐
　　　　　　　　　　　　　　　　　　　　　　　　　　　frein d'arbre d'hélice ☐

vérifiez toujours dans le manuel – la position en navigation change selon les modèles d'inverseurs

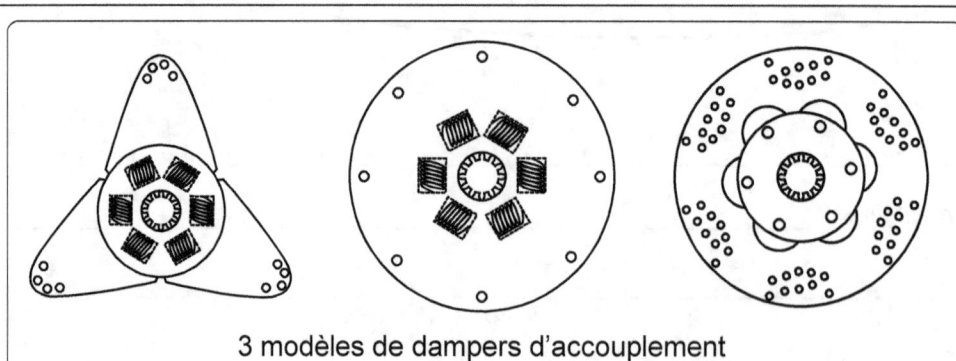

3 modèles de dampers d'accouplement

Arbre d'hélice et presse étoupe

Arbre d'hélice :   Matériau :

inox ◯

bronze ◯

_____ autre ◯

Diamètre de l'arbre _____mm / pouces*

*utiliser les décimales pour les mesures en pouce pour plus de précision

Date d'installation : _____

Pour mesurer correctement le cône d'arbre d'hélice, voir page 22

Joint d'arbre :

| Type de joint d'arbre : | Joint d'arbre d'hélice à lèvre : ◻ | Joint d'arbre d'hélice tournant : ◻ | Joint d'arbre de boîte de rembourrage : ◻ |

Marque et modèle : _____

Taille : _____ Date d'installation : _____

Manuel : _____ papier ◯ pdf ◯ **Inventaire**

Joint d'arbre d'hélice à lèvre

Joint d'arbre d'hélice tournant

Presse étoupe traditionnel en bronze

Bague hydrolube

Matériaux de construction : laiton/caoutchouc ◻   composite/caoutchouc ◻   caoutchouc/ caoutchouc ◻

Date d'installation : _____

tube de chaise d'arbre   bague hydrolube   arbre d'hélice

mesures

mm ◻   longueur de tube de chaise d'arbre   diamètre intérieur   diamètre extérieur   diamètre intérieur   diamètre extérieur

pouce ◻

_____   _____   _____   _____   _____

Hélices

Type d'hélice :   fixe ⬡   mise en drapeau ⬡   repliable ⬡   Sens de rotation:

Matériau de construction :   bronze ⬡ inox ⬡ aluminium ⬡   sens horaire ⬡ (right hand RH)

Nombre de pales : 2 ⬡ 3 ⬡ 4 ⬡ 5 ⬡   sens anti horaire ⬡ (left hand LH)

Dimensions de l'hélice :   Diamètre : _____ Pas : _____ pouces / cm

Marque et numéro de série : _____

Numéro d'hélice : *(eg. 18 RH 12)* _____ Date d'installation : _____

A diamètre de l'arbre d'hélice

B longueur du cône d'arbre d'hélice

C diamètre de l'embout fileté de l'arbre

taille de la rainure de clavette [keyway]

taille de la clavette [key]

$\overline{D}$ |X| L

$\overline{H}$ □ |W|

Cône d'axe d'hélice   Mesures   mm ⬡ pouces décimal* ⬡

A Diamètre de l'arbre d'hélice : _____Taille du filetage ** : _____

B Longueur du cône d'arbre d'hélice : _____   D profondeur rainure de clavette : _____

C Diamètre de l'embout fileté de l'arbre : _____   W largeur de rainure de clavette : _____

H Hauteur de clavette : _____ W largeur de clavette : _____   L longueur de rainure de clavette : _____

*utiliser les décimales pour les mesures en pouce pour plus de précision

**métrique - écart de filetage impériale - filetage par pouce

Commentaires : _____

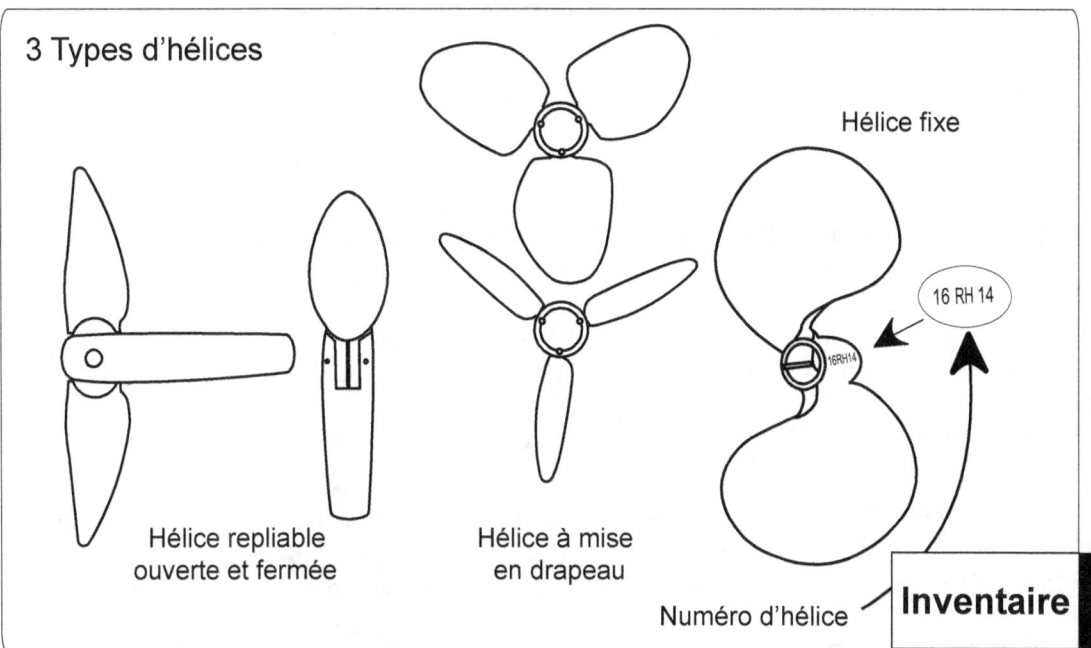

3 Types d'hélices

Hélice fixe

16 RH 14

Hélice repliable
ouverte et fermée

Hélice à mise
en drapeau

Numéro d'hélice

Inventaire

Accouplement souple

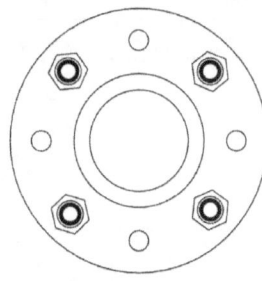

Un accouplement souple est généralement un disque ou une plaque épaisse en caoutchouc, en polyuréthane ou en un autre plastique, monté entre la bride de l'inverseur et la bride de l'arbre d'hélice. Ces simples plaques souples ne sont pas conçues pour compenser le désalignement.

L'accouplement souple (disque) s'adapte entre la bride de sortie de transmission et la bride d'arbre d'hélice

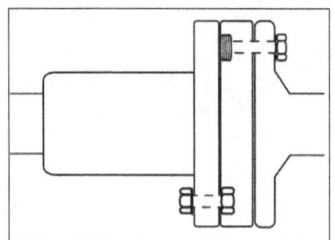

Objectifs d'un couplage flexible simple

Les objectifs d'un couplage flexible sont les suivants :

- protéger l'inverseur/transmission et le moteur de tout arrêt brutal de l'arbre d'hélice (choc de poussée) – par ex. si l'hélice accroche une corde, un filet ou heurte un tronc flottant !

- l'accouplement est conçu pour se casser en cas de choc, déconnectant ainsi l'arbre d'hélice de l'inverseur et du moteur

- absorber les vibrations mineures de l'arbre d'hélice

- Il n'est **pas conçu** pour corriger un mauvais alignement du moteur

Des accouplements souples plus avancés, complexes et coûteux sont disponibles pour compenser le désalignement

Saildrive

Marque et modèle : _____

Numéro de série : _____ Date d'installation : _____

Date d'installation/renouvellement du joint de coque : _____

Capacité d'huile pour l'unité inférieure : _____ Litres

Type d'huile – marque et grade : _____

Nombre d'anodes : _____ Type d'anodes : zinc ☐ magnésium ☐ aluminium ☐

Emplacement d'anode : _____ Numéro de référence : _____

Emplacement d'anode : _____ Numéro de référence : _____

Emplacement d'anode : _____ Numéro de référence : _____

Saildrive manuel d'utilisation* ☐ manuel d'entretien ☐ liste de pièces ☐ papier ☐ pdf ☐

*voir liste complète des manuels page 27

Commentaires : _____

_____

_____

_____

_____

_____

_____

_____

_____

Autres moteurs – générateur, hors-bord, etc.

Motor Marque et modèle : _____ Année : _____

Combustible :   diesel ☐   essence ☐   autre ☐ _____

Nb de série : _____ Puissance (CV kW) : _____ Nb de cylindres : _____

Nb d'heures : _____ Date : _____ Nb d'heures : _____ Date : _____

Sens de rotation : _____ Date de révision/reconstruction : _____

Manuels du moteur   Manuel de l'utilisateur ☐   Manuel atelier ☐   Liste pièces ☐   papier ☐   pdf ☐

Emplacement : _____

voir liste complète des manuels p27

Inventaire

Motor Marque et modèle : _____ Année : _____

Combustible :   diesel ☐   essence ☐   autre ☐ _____

Nb de série : _____ Puissance (CV kW) : _____ Nb de cylindres : _____

Nb d'heures : _____ Date : _____ Nb d'heures : _____ Date : _____

Sens de rotation : _____ Date de révision/reconstruction : _____

Manuels du moteur   Manuel de l'utilisateur ☐   Manuel atelier ☐   Liste pièces ☐   papier ☐   pdf ☐

Emplacement : _____

Commentaires : _____

_____

_____

_____

_____

_____

_____

Liste des pièces de rechange – Matériel d'entretien moteur

pièce	qte	lieu de rangement
filtres à fuel primaire		
filtres à fuel secondaire		
filtres à huile		
courroies		
anodes		
turbines		
huile moteur		
huile de transmission		
liquide de refroidissement		

Liste des pièces de rechange – Pieces moteur

item	
pompe à fuel	
pompe d'injection	
tuyaux d'injecteur (jeu complet)	
injecteurs	
rondelle en cuivre (joint injecteur)	
pompe à eau de mer	
thermostat	
alternateur	
durites	

Manuels

Motor :   Manuel de l'utilisateur ☐   Manuel atelier ☐   Liste pièces ☐

Emplacement : _____ papier ☐ pdf ☐

Transmission :   Manuel de l'utilisateur ☐   Manuel atelier ☐   Liste pièces ☐

Emplacement : _____ papier ☐ pdf ☐

Manuels électriques :   Accu ☐   Alternateur ☐   Régulateur ☐

Emplacement : _____ papier ☐ pdf ☐

Inventaire

Saildrive :   Manuel de l'utilisateur ☐   Manuel atelier ☐   Liste pièces ☐

Emplacement : _____ papier ☐ pdf ☐

Joint d'arbre :   Manuel ☐

Emplacement : _____ papier ☐ pdf ☐

Autres manuels :

Emplacement : _____ papier ☐ pdf ☐

---

*Commentaires :*_____

_____

_____

_____

_____

_____

_____

_____

Autres équipements

Autres équipements

_____

_____

_____

_____

_____

_____

_____

Inventaire

_____

_____

_____

_____

_____

_____

_____

_____

_____

_____

_____

_____

Tâches et calendrier d'entretien

TOUS LES JOURS ou avant chaque utilisation	
inspection visuelle de la salle des machines	
vérifier la tension de la courroie	
garder les batteries chargées et surveiller le voltage	
vérifier le niveau d'huile moteur	
vérifier le niveau de liquide de refroidissement/antigel et faire l'appoint au besoin	

Voir Schémas d'inspection aux pages 38 à 53

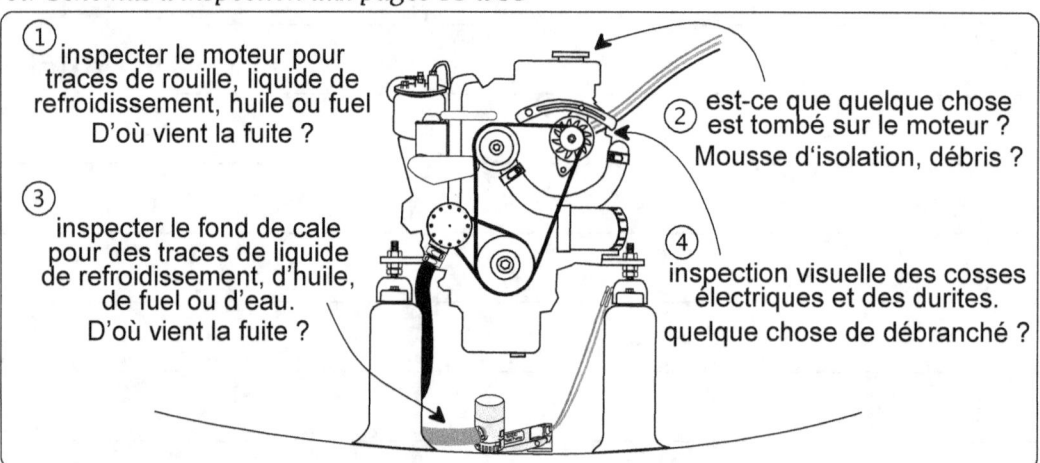

① inspecter le moteur pour traces de rouille, liquide de refroidissement, huile ou fuel D'où vient la fuite ?

② est-ce que quelque chose est tombé sur le moteur ? Mousse d'isolation, débris ?

③ inspecter le fond de cale pour des traces de liquide de refroidissement, d'huile, de fuel ou d'eau. D'où vient la fuite ?

④ inspection visuelle des cosses électriques et des durites. quelque chose de débranché ?

TOUTES LES SEMAINES	service suivant
vérifier le niveau du liquide de transmission	
inspecter les durites et les colliers de serrage	
installer et inspecter les protections anti-frottement	
inspecter la ou les courroies	
inspecter l'état du liquide de refroidissement	
diagnostic à la jauge – huile moteur	
diagnostic à la jauge – liquide de transmission	
vérifier le voltage sur circuit ouvert de la batterie avec un multimètre	

*Marine Diesel Basics 1 montre comment accomplir toutes ces tâches
avec des illustrations claires et un texte simple*

TOUS LES MOIS	service suivant
inspecter les poulies (réas)	
vérifier l'alignement des courroies et des poulies	
ajuster l'alignement de la poulie, au besoin	
serrer les courroies de l'alternateur et de la pompe à eau, au besoin	
nettoyer autour des injecteurs et de la pompe d'injection	
vérifier l'anti-siphon et le rincer si nécessaire	

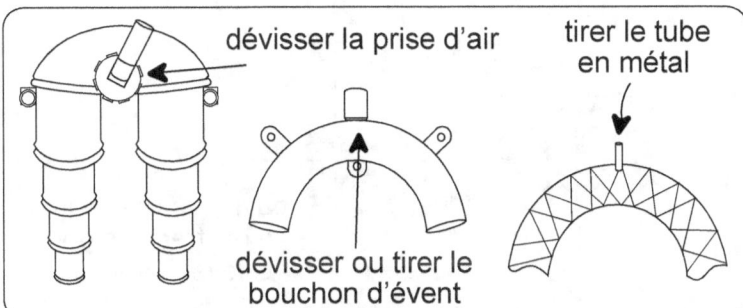

dévisser la prise d'air

tirer le tube en métal

dévisser ou tirer le bouchon d'évent

Un anti-siphon bouché peut permettre à l'eau de mer de remplir le moteur

Liste des contrôles d'entretien

vérifier et nettoyer le filtre à air (si nécessaire)	
resserrer les connexions des bornes de batteries	
nettoyez le dessus et les bornes des batteries	
vérifier les niveaux d'électrolyte dans les batteries à cellules humides	
nettoyer l'hélice, la chaise d'arbre et l'arbre (si nécessaire)	

TÂCHES DES 3 MOIS	service suivant
inspecter la nable à fuel	
ajouter du biocide au(x) réservoir(s) de fuel, lors du remplissage	
vérifier la ventilation dans la salle des machines	
vérifier l'accouplement entre la transmission & l'arbre d'hélice	
inspecter le presse-étoupe	

CHAQUE SAISON	service suivant
changer l'huile moteur et le filtre (voir le manuel du moteur)	
changer le liquide de transmission	
vérifier l'état des supports moteur	
graisser les extrémités des câbles de commande et les filetages des supports moteur	
vérifier la pompe d'injection et son niveau d'huile (si une jauge est installée)	

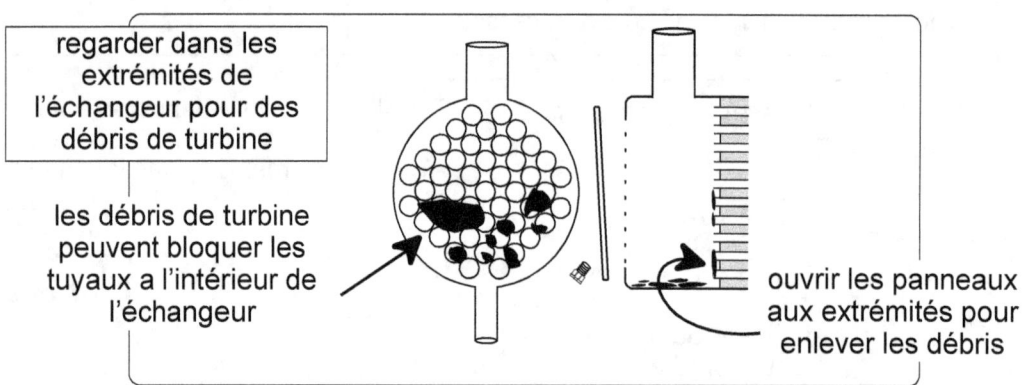

regarder dans les extrémités de l'échangeur pour des débris de turbine

les débris de turbine peuvent bloquer les tuyaux a l'intérieur de l'échangeur

ouvrir les panneaux aux extrémités pour enlever les débris

TÂCHES DES 6 MOIS	service suivant
vérifier et changer les anodes de l'échangeur	
inspecter l'anode de l'hélice	
inspecter l'anode sur une hélice en drapeau	

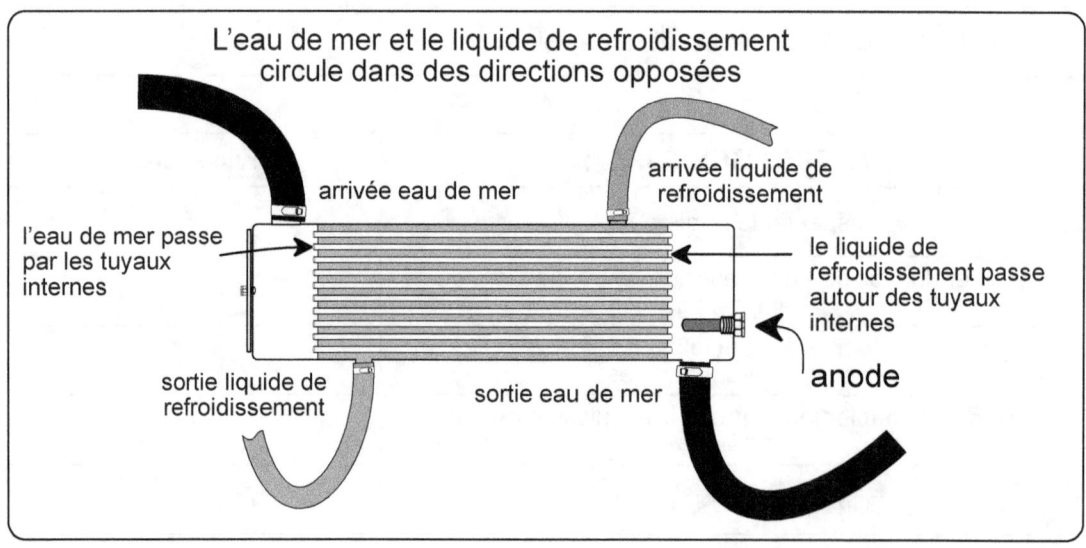

L'eau de mer et le liquide de refroidissement circule dans des directions opposées

arrivée eau de mer

arrivée liquide de refroidissement

l'eau de mer passe par les tuyaux internes

le liquide de refroidissement passe autour des tuyaux internes

sortie liquide de refroidissement

sortie eau de mer

anode

TOUS LES ANS	service suivant
changer le filtre à fuel primaire (séparateur - utiliser un filtre de 10 microns)	
changer le filtre à fuel secondaire (utiliser un filtre de 2 microns)	
purger le système de carburant (au besoin)	
vérifiez que le ou les réservoirs de fuel ne soient pas contaminés	
lubrifier la fente de la clé de contact	
nettoyer le passe coque de prise d'eau mer	
vérifier les pinoches attachées au vannes	

Voir Schémas d'inspection aux pages 38 - 53

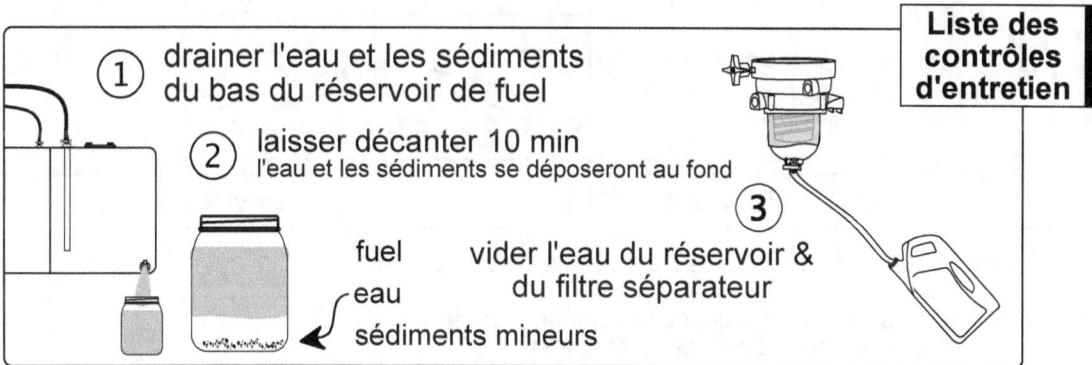

① drainer l'eau et les sédiments du bas du réservoir de fuel

② laisser décanter 10 min
l'eau et les sédiments se déposeront au fond

③ vider l'eau du réservoir & du filtre séparateur

fuel
eau
sédiments mineurs

Liste des contrôles d'entretien

vérifier que les vannes de coque s'ouvrent/se ferment normalement	
inspecter le filtre à eau de mer (l'assemblage complet, pas seulement le panier)	
inspecter la turbine en caoutchouc de la pompe à eau de mer	
inspecter et réparer l'isolation sonore	
effectuer un test de charge pour chaque batterie 12 volts	
inspecter l'arbre d'hélice	
inspecter la bague hydrolube	
inspecter la chaise d'arbre	
inspecter l'hélice	

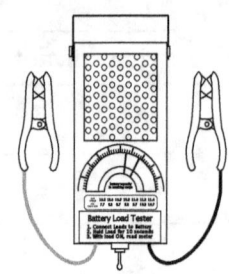

Un testeur de charge mesure à quel point une batterie fonctionne sous charge. Une batterie de 12 volt peut paraître complètement chargée (12.65v) mais ne pas être capable de lancer le moteur en raison d'une réduction de capacité, généralement due à la sulfatation.

Le voltage d'une batterie complètement chargée en bon l'état ne devrait baisser que lentement ou presque pas lorsqu'elle est sous charge pendant 10 secondes.

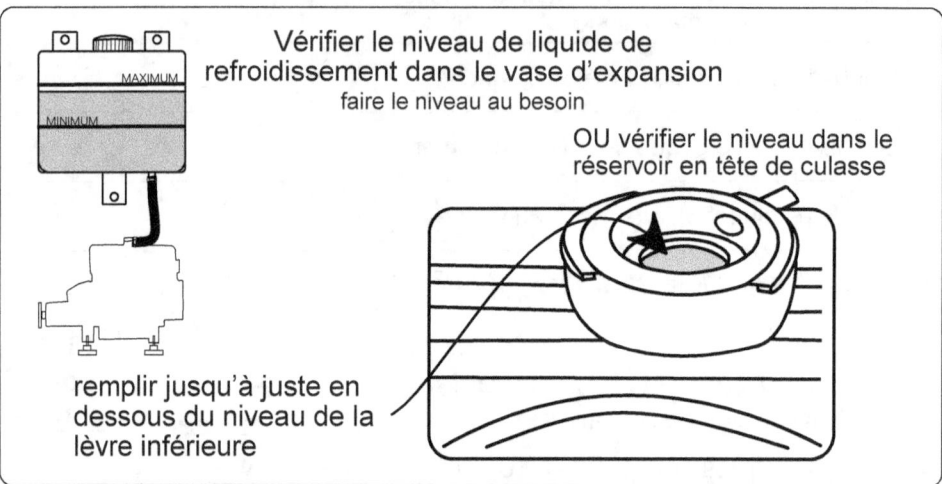

Vérifier le niveau de liquide de refroidissement dans le vase d'expansion
faire le niveau au besoin

OU vérifier le niveau dans le réservoir en tête de culasse

remplir jusqu'à juste en dessous du niveau de la lèvre inférieure

TOUS LES 1 OU 2 ANS	service suivant
vidanger et remplacer le liquide de refroidissement usé	
vérifier les passages intérieurs de la colonne montante d'échappement (échappement humide)	
graisser l'hélice en drapeau	

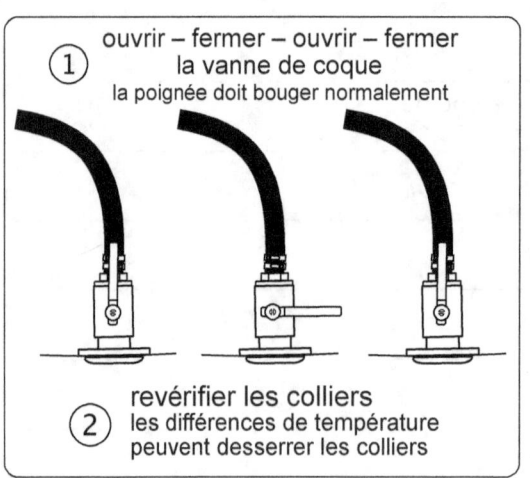

① ouvrir – fermer – ouvrir – fermer la vanne de coque
la poignée doit bouger normalement

② revérifier les colliers
les différences de température peuvent desserrer les colliers

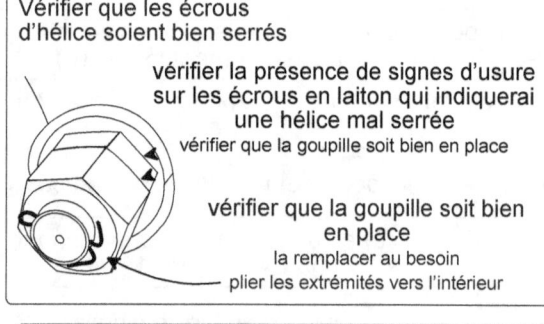

Vérifier que les écrous d'hélice soient bien serrés

vérifier la présence de signes d'usure sur les écrous en laiton qui indiquerai une hélice mal serrée
vérifier que la goupille soit bien en place

vérifier que la goupille soit bien en place
la remplacer au besoin
plier les extrémités vers l'intérieur

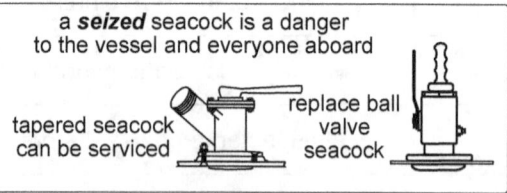

a *seized* seacock is a danger to the vessel and everyone aboard

tapered seacock can be serviced

replace ball valve seacock

Marine Diesel Basics 1 montre comment accomplir toutes ces tâches avec des illustrations claires et un texte simple

Saildrives – Tâches et calendrier d'entretien

TOUS LES JOURS ou avant chaque utilisation	
vérifier le niveau d'huile du saildrive et faire l'appoint	

TOUS LES MOIS	**service suivant**
inspecter la peinture et retoucher au besoin	
nettoyer l'entrée d'eau de mer	

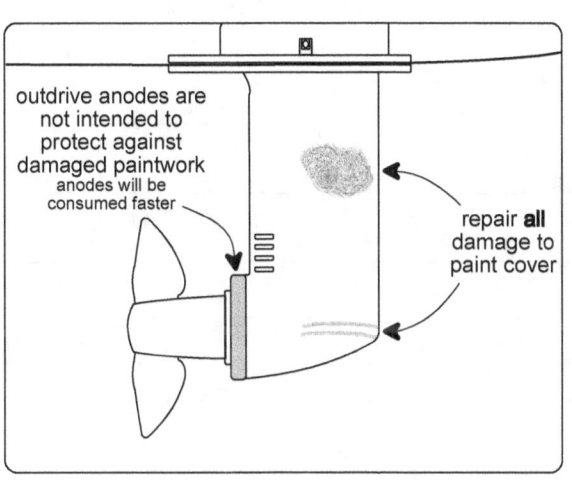

outdrive anodes are not intended to protect against damaged paintwork anodes will be consumed faster

repair **all** damage to paint cover

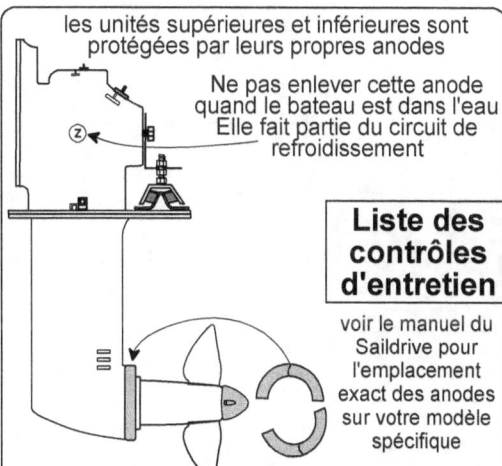

les unités supérieures et inférieures sont protégées par leurs propres anodes

Ne pas enlever cette anode quand le bateau est dans l'eau Elle fait partie du circuit de refroidissement

Liste des contrôles d'entretien

voir le manuel du Saildrive pour l'emplacement exact des anodes sur votre modèle spécifique

100 - 250 heures*	**service suivant**
changer l'huile de l'unité inférieure	
purger l'air de la jauge	

* suivre les recommandations du fabricant dans le manuel

TOUS LES SIX MOIS	**service suivant**
inspecter les anodes du saildrive	

TOUS LES ANS	**service suivant**
inspecter la bague d'étanchéité extérieure	
inspecter la bague d'étanchéité intérieure et l'alarme du capteur d'eau	
inspecter l'hélice	
graisser l'hélice en drapeau	

Notes d'entretien

Notes d'entretien

Liste des contrôles d'entretien

L'inspection est la mère de la prévention

Liste des inspections

Inspection de la nable de fuel

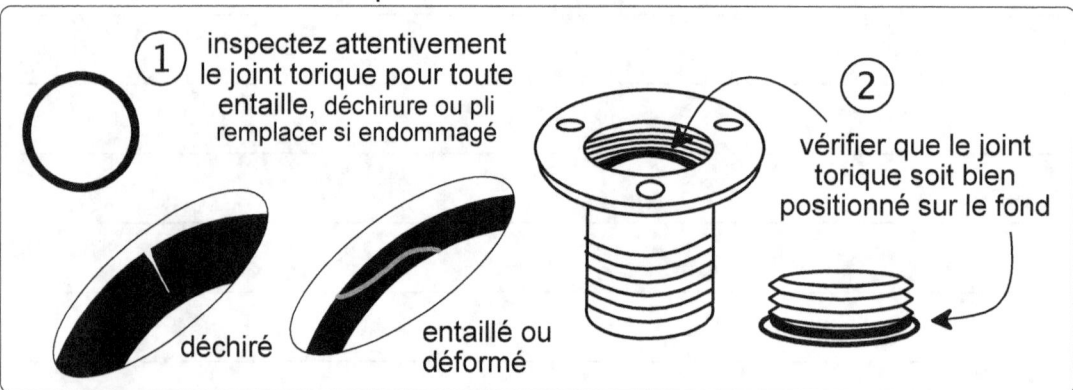

① inspectez attentivement le joint torique pour toute entaille, déchirure ou pli remplacer si endommagé

déchiré

entaillé ou déformé

② vérifier que le joint torique soit bien positionné sur le fond

Inspections du système diesel

Diagnostic à la jauge - huile moteur

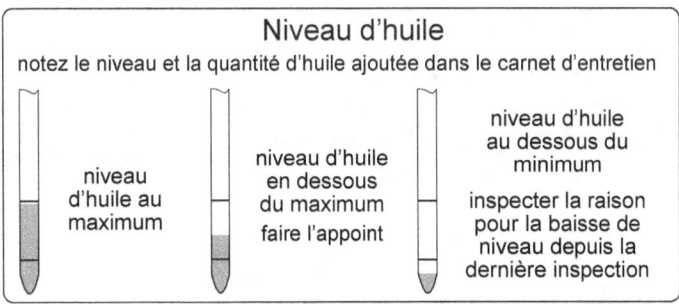

Niveau d'huile
notez le niveau et la quantité d'huile ajoutée dans le carnet d'entretien

niveau d'huile au maximum

niveau d'huile en dessous du maximum

faire l'appoint

niveau d'huile au dessous du minimum

inspecter la raison pour la baisse de niveau depuis la dernière inspection

Changement du niveau d'huile
notez le changement de niveau d'huile dans le carnet d'entretien

pas de changement du niveau d'huile depuis la dernière inspection

BAISSE du niveau depuis la dernière inspection

cela est-il déjà arrivé par le passé?

chercher la fuite ou l'huile dans le fond de cale

HAUSSE du niveau depuis la dernière inspection

chercher la cause avant de démarrer le moteur

vérifier l'historique, cela est-il déjà arrivé par le passé?

Inspections

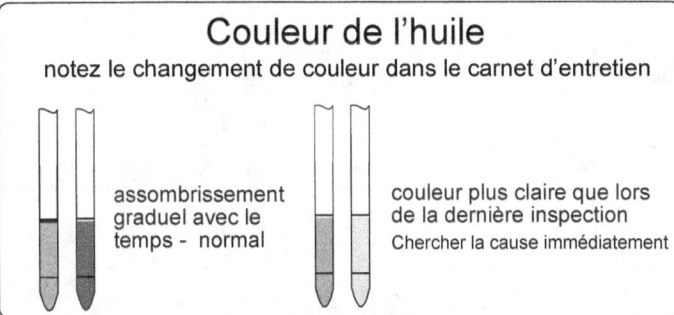

Couleur de l'huile
notez le changement de couleur dans le carnet d'entretien

assombrissement graduel avec le temps - normal

couleur plus claire que lors de la dernière inspection

Chercher la cause immédiatement

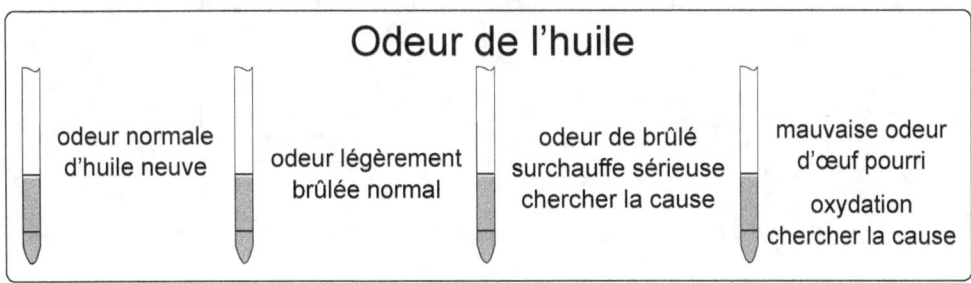

Odeur de l'huile

odeur normale d'huile neuve

odeur légèrement brûlée normal

odeur de brûlé surchauffe sérieuse

chercher la cause

mauvaise odeur d'œuf pourri

oxydation chercher la cause

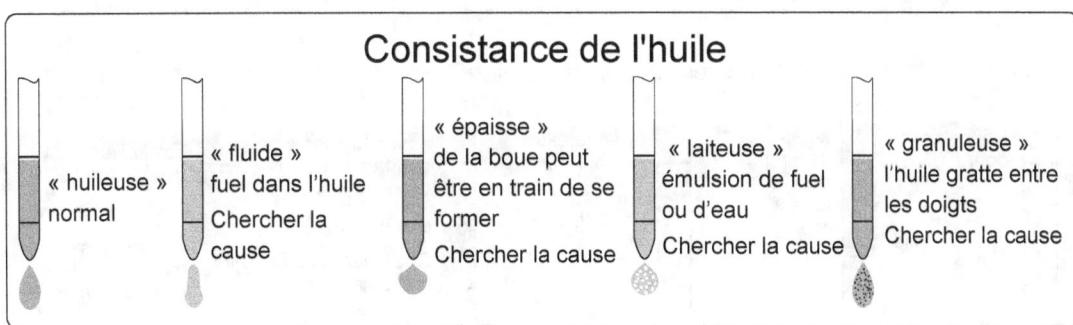

Consistance de l'huile

« huileuse » normal

« fluide »
fuel dans l'huile
Chercher la cause

« épaisse »
de la boue peut être en train de se former
Chercher la cause

« laiteuse »
émulsion de fuel ou d'eau
Chercher la cause

« granuleuse »
l'huile gratte entre les doigts
Chercher la cause

Diagnostic à la jauge - liquide de transmission automatique

Niveau du liquide de transmission automatique (ATF)

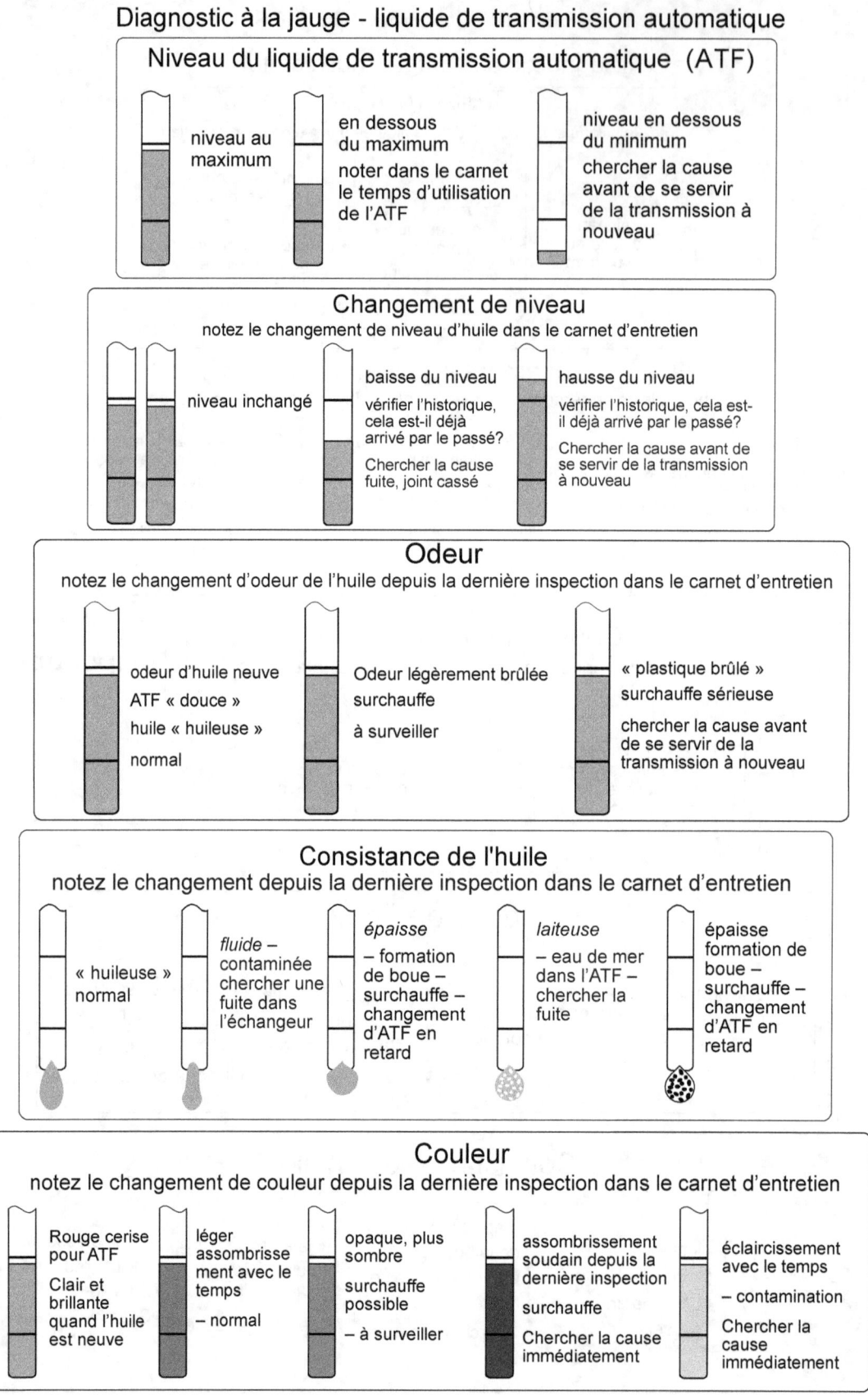

niveau au maximum

en dessous du maximum

noter dans le carnet le temps d'utilisation de l'ATF

niveau en dessous du minimum

chercher la cause avant de se servir de la transmission à nouveau

Changement de niveau

notez le changement de niveau d'huile dans le carnet d'entretien

niveau inchangé

baisse du niveau

vérifier l'historique, cela est-il déjà arrivé par le passé?

Chercher la cause fuite, joint cassé

hausse du niveau

vérifier l'historique, cela est-il déjà arrivé par le passé?

Chercher la cause avant de se servir de la transmission à nouveau

Odeur

notez le changement d'odeur de l'huile depuis la dernière inspection dans le carnet d'entretien

odeur d'huile neuve

ATF « douce »

huile « huileuse »

normal

Odeur légèrement brûlée

surchauffe

à surveiller

« plastique brûlé »

surchauffe sérieuse

chercher la cause avant de se servir de la transmission à nouveau

Consistance de l'huile

notez le changement depuis la dernière inspection dans le carnet d'entretien

« huileuse » normal

fluide – contaminée chercher une fuite dans l'échangeur

épaisse – formation de boue – surchauffe – changement d'ATF en retard

laiteuse – eau de mer dans l'ATF – chercher la fuite

épaisse formation de boue – surchauffe – changement d'ATF en retard

Couleur

notez le changement de couleur depuis la dernière inspection dans le carnet d'entretien

Rouge cerise pour ATF

Clair et brillante quand l'huile est neuve

léger assombrissement avec le temps

– normal

opaque, plus sombre

surchauffe possible

– à surveiller

assombrissement soudain depuis la dernière inspection

surchauffe

Chercher la cause immédiatement

éclaircissement avec le temps

– contamination

Chercher la cause immédiatement

Position correcte pour le contrôle du niveau d'huile d'inverseur

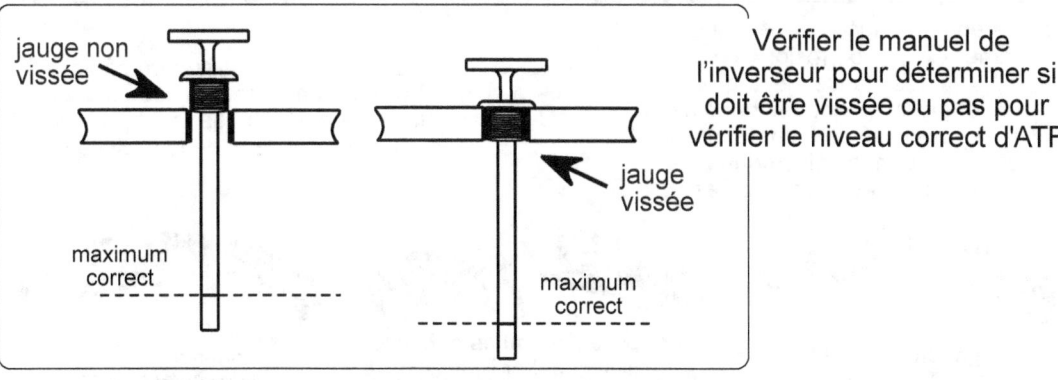

jauge non vissée

jauge vissée

maximum correct

maximum correct

Vérifier le manuel de l'inverseur pour déterminer si doit être vissée ou pas pour vérifier le niveau correct d'ATF

Inspection des durites et colliers de serrage

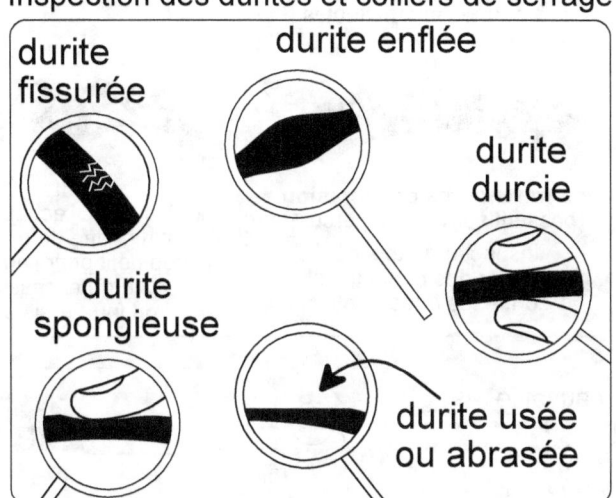

durite fissurée

durite enflée

durite durcie

durite spongieuse

durite usée ou abrasée

Inspections

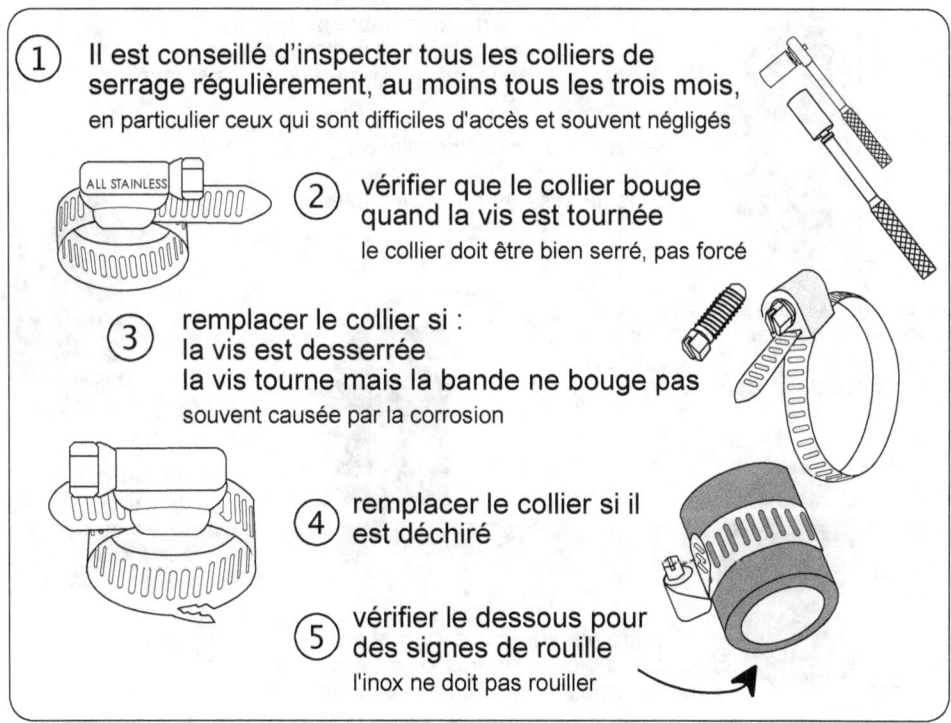

① Il est conseillé d'inspecter tous les colliers de serrage régulièrement, au moins tous les trois mois, en particulier ceux qui sont difficiles d'accès et souvent négligés

ALL STAINLESS

② vérifier que le collier bouge quand la vis est tournée
le collier doit être bien serré, pas forcé

③ remplacer le collier si :
la vis est desserrée
la vis tourne mais la bande ne bouge pas
souvent causée par la corrosion

④ remplacer le collier si il est déchiré

⑤ vérifier le dessous pour des signes de rouille
l'inox ne doit pas rouiller

Inspection du câblage et des cosses

Les fils endommagés causent des problèmes : corrosion
résistance électrique
affaiblissement des brins de fil
possibilité de fuite de masse
pannes électriques
pannes intermittentes

Il est recommandé d'utiliser du câblage de qualité marine, tirer les câbles avec attention, avec des soutiens, et protéger du fuel, de l'huile et de la graisse

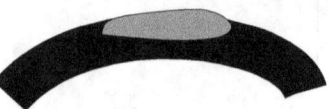

le gasoil, l'huile et la graisse affaiblissent l'isolation
garder les câbles propres

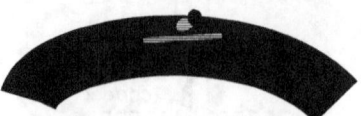

coupures, entailles et fentes
laissent entrer l'humidité
sources de courant vagabond
& pannes intermittentes

brins errants
source de courant vagabond
& pannes intermittentes

fissures laissent entrer l'humidité

Causées par le vieillissement ou la chaleur

les frottements et l'abrasion
passent souvent inaperçus

Inspecter au touché
Installer des protections
contre les frottements

fonte
contact avec l'échappement
surchauffe du moteur
fil trop petit pour l'ampérage
charge excessive
trop forte résistance

---

l'utilisation d'un câblage de mauvaise qualité et les mauvaises pratiques d'installation rendent les problèmes inévitables en milieu marin

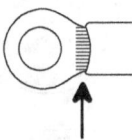

l'absence de gaine thermorétractable permet à l'humidité de s'infiltrer entre les brins, ce qui augmente la résistance

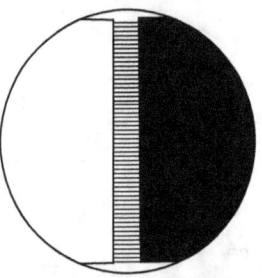

écart – mauvaise installation
permet à l'humidité de pénétrer
les fils fléchissent au point faible

brins errants - mauvaise installation
provoque des pannes intermittentes
et des courant vagabond couper et
couvrir avec du scotch électrique

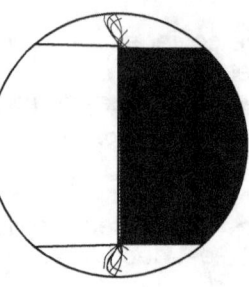

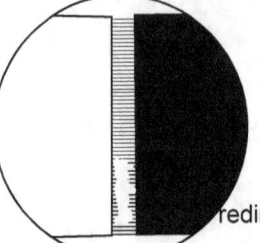

Gaine fissurée ou déchirée
couvrir avec du scotch électrique
Remplacer le câble

Brins cassés
contrainte sur le fil ou vibration
rediriger le câble, lui donner plus de support
ou le remplacer par un fil plus long

Inspection de la pompe à eau de mer

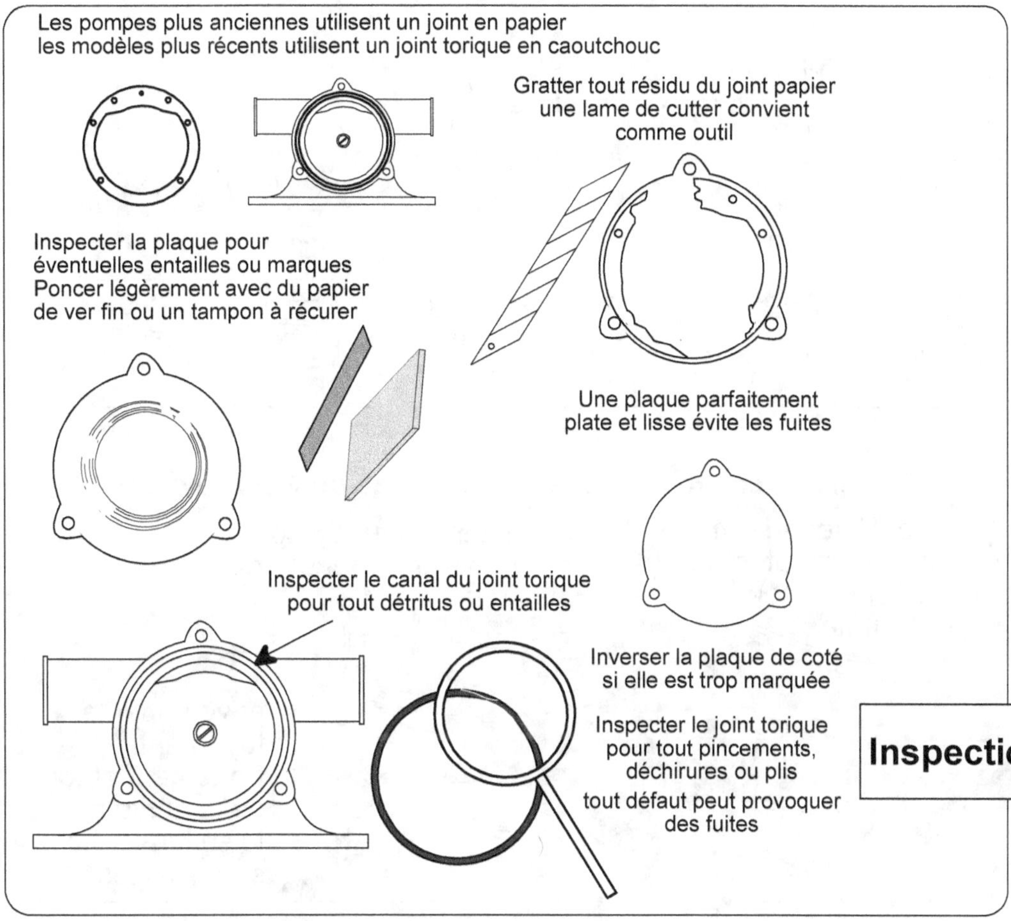

Les pompes plus anciennes utilisent un joint en papier
les modèles plus récents utilisent un joint torique en caoutchouc

Gratter tout résidu du joint papier
une lame de cutter convient
comme outil

Inspecter la plaque pour
éventuelles entailles ou marques
Poncer légèrement avec du papier
de ver fin ou un tampon à récurer

Une plaque parfaitement
plate et lisse évite les fuites

Inspecter le canal du joint torique
pour tout détritus ou entailles

Inverser la plaque de coté
si elle est trop marquée

Inspecter le joint torique
pour tout pincements,
déchirures ou plis

tout défaut peut provoquer
des fuites

Inspections

Inspection d'une turbine en caoutchouc

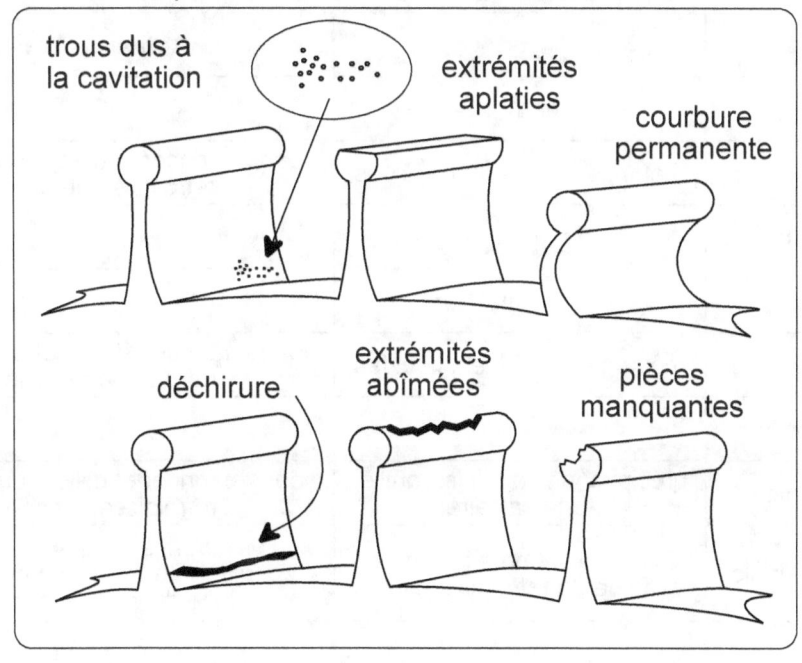

trous dus à
la cavitation

extrémités
aplaties

courbure
permanente

déchirure

extrémités
abîmées

pièces
manquantes

Inspection des anodes

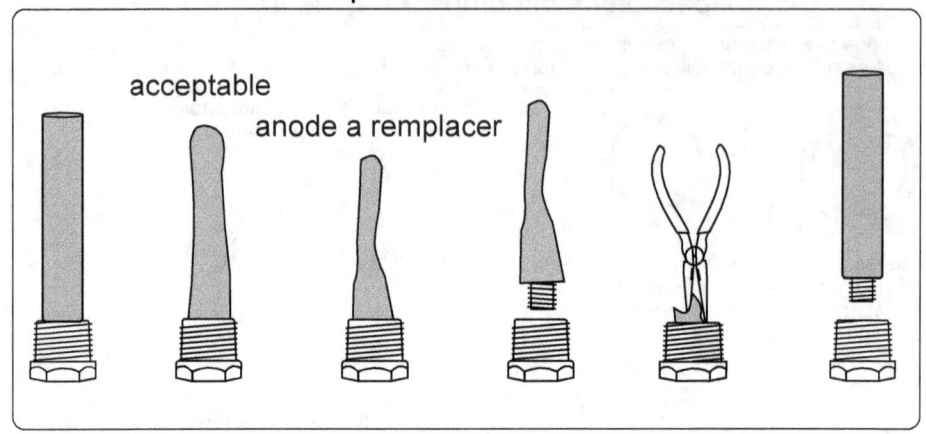

acceptable

anode a remplacer

Protection contre les frottements à l'aide de vieux tuyaux

① couper l'intérieur du coude pour protéger l'extérieur du coude sur la durite

② couper l'extérieur du coude pour protéger l'intérieur du coude sur la durite

③ envelopper le tuyau anti frottement autour de la durite et le sécuriser avec 2 serre-câbles

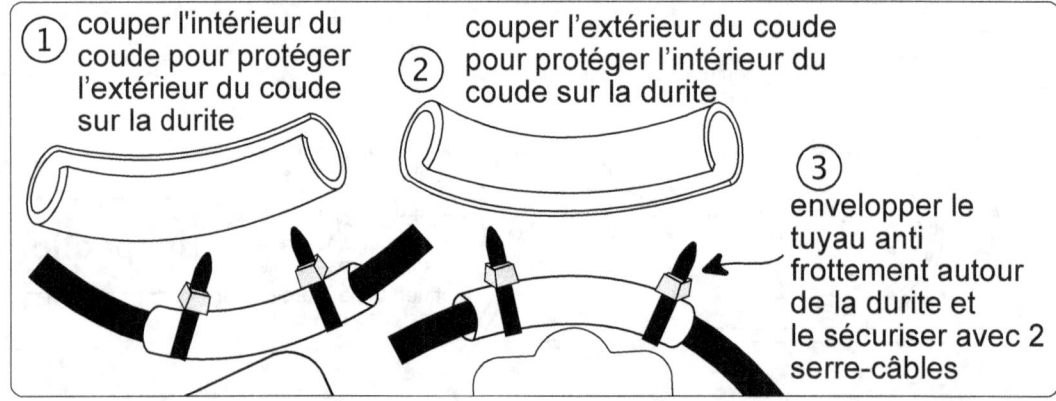

Inspection du liquide de refroidissement

Clarté		Action requise
clair	normal	
opaque	mélange de différent liquides	vidanger, rincer et utiliser du liquide de refroidissement neuf
Couleur		
claire, brillante	normal	
brune	mélange de différent liquides	vidanger, rincer et utiliser du liquide de refroidissement neuf
Contamination		
sédiments	précipité des additifs, rouille, tarte calcaire	vidanger, rincer et utiliser du liquide de refroidissement neuf
présence d'huile	fuite d'huile moteur dans le liquide de refroidissement	vérifier l'échangeur fuite au niveau d'un cylindre fuite du joint de culasse

la tension correcte et l'alignement sont essentiels à une longue durée de vie de la courroie

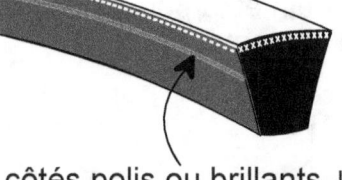

exemple d'une courroie trapézoïdale
les profils sont très variés et
doivent correspondre à la poulie

poussière de courroie et
dommages à la courroie
sont des signes de
mauvaise tension ou de
désalignement

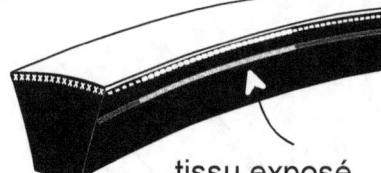

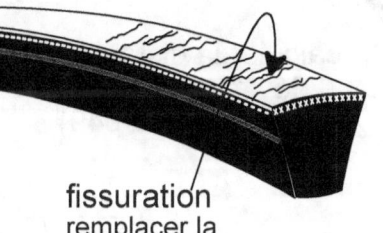

tissu exposé
usure inégale
remplacer la courroie

côtés polis ou brillants. La courroie glisse
remplacer la courroie et gratter les parois de
la poulie pour les rendre rugueuses

fissuration
remplacer la
courroie

Inspections

déchirure du bord supérieur
la courroie est trop profondément
dans la poulie remplacer la courroie

**échantillon de courroie
trapézoïdale nervurée.** Les
profils sont très variés et doivent
correspondre exactement à la poulie

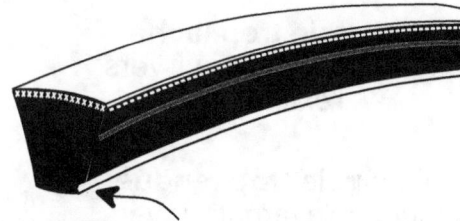

usure du bas de la courroie
remplacer la courroie

déchirure du bord supérieur
remplacer la courroie

crans usés ou manquant
remplacer la courroie

Inspection de la tension de la courroie

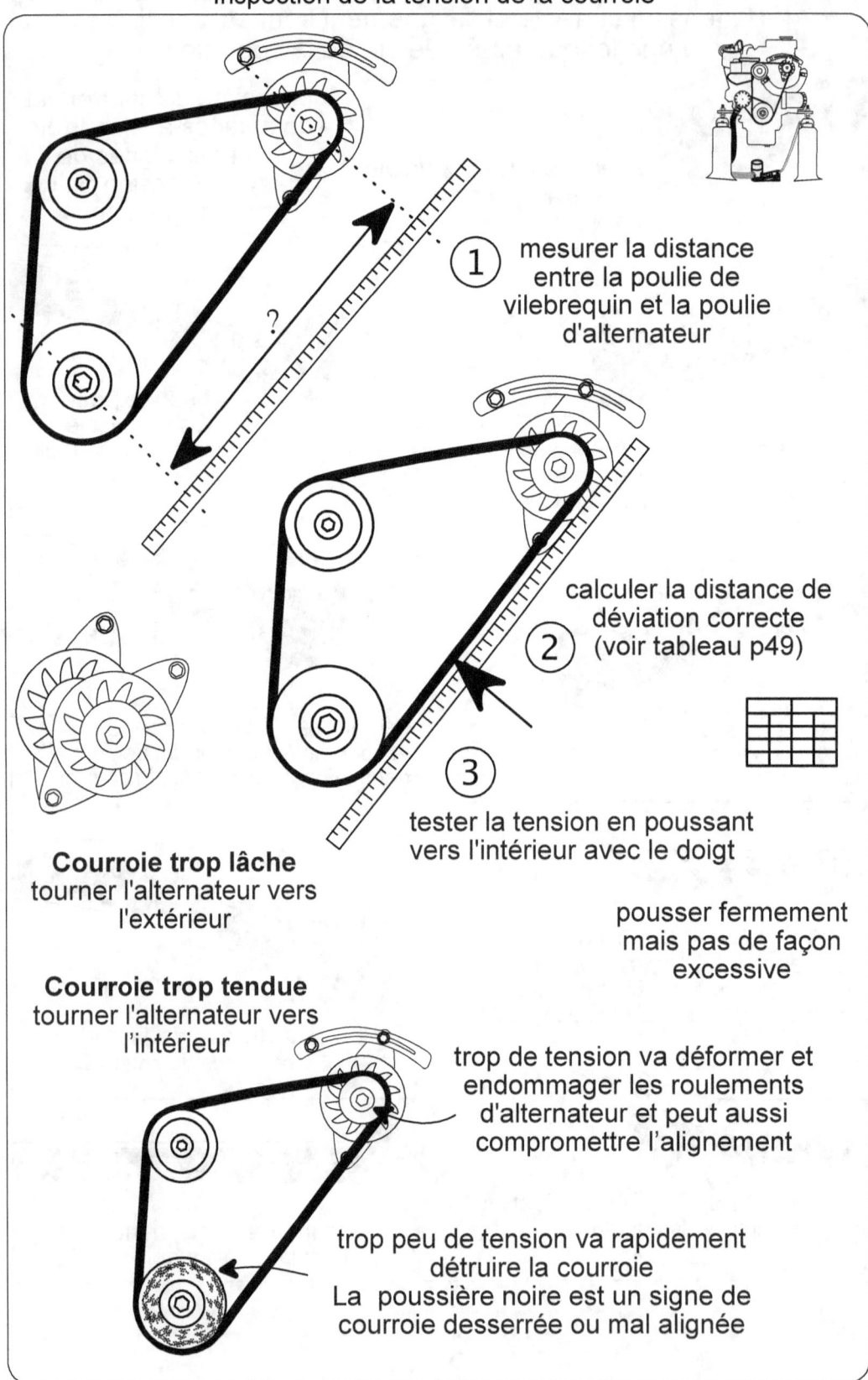

1. mesurer la distance entre la poulie de vilebrequin et la poulie d'alternateur

2. calculer la distance de déviation correcte (voir tableau p49)

3. tester la tension en poussant vers l'intérieur avec le doigt

pousser fermement mais pas de façon excessive

Courroie trop lâche
tourner l'alternateur vers l'extérieur

Courroie trop tendue
tourner l'alternateur vers l'intérieur

trop de tension va déformer et endommager les roulements d'alternateur et peut aussi compromettre l'alignement

trop peu de tension va rapidement détruire la courroie
La poussière noire est un signe de courroie desserrée ou mal alignée

Inspection des poulies

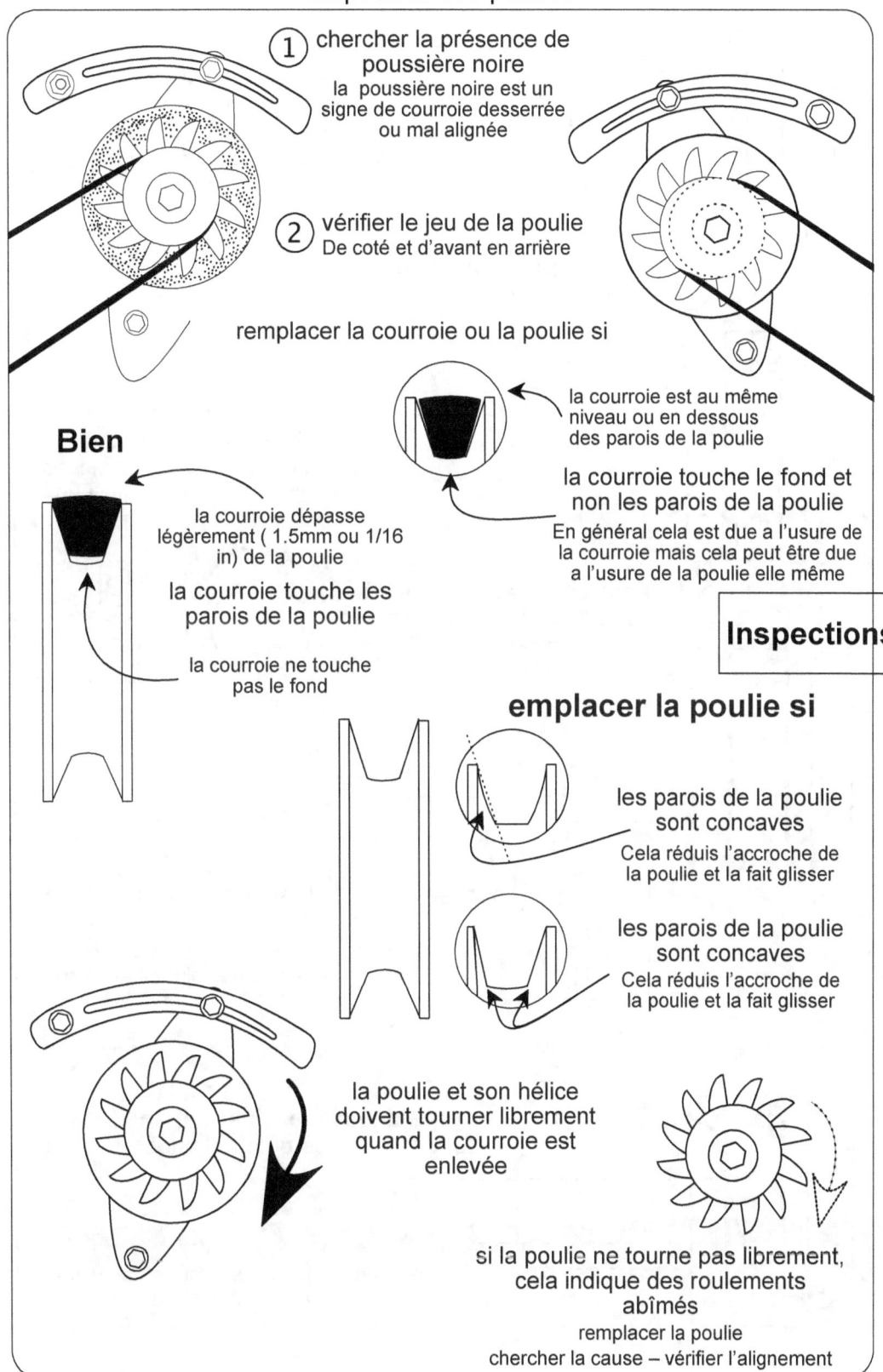

① chercher la présence de
poussière noire
la poussière noire est un
signe de courroie desserrée
ou mal alignée

② vérifier le jeu de la poulie
De coté et d'avant en arrière

remplacer la courroie ou la poulie si

la courroie est au même
niveau ou en dessous
des parois de la poulie

la courroie touche le fond et
non les parois de la poulie
En général cela est due a l'usure de
la courroie mais cela peut être due
a l'usure de la poulie elle même

Bien

la courroie dépasse
légèrement (1.5mm ou 1/16
in) de la poulie

la courroie touche les
parois de la poulie

la courroie ne touche
pas le fond

emplacer la poulie si

les parois de la poulie
sont concaves
Cela réduis l'accroche de
la poulie et la fait glisser

les parois de la poulie
sont concaves
Cela réduis l'accroche de
la poulie et la fait glisser

la poulie et son hélice
doivent tourner librement
quand la courroie est
enlevée

si la poulie ne tourne pas librement,
cela indique des roulements
abîmés
remplacer la poulie
chercher la cause – vérifier l'alignement

Inspection de l'accouplement d'arbre

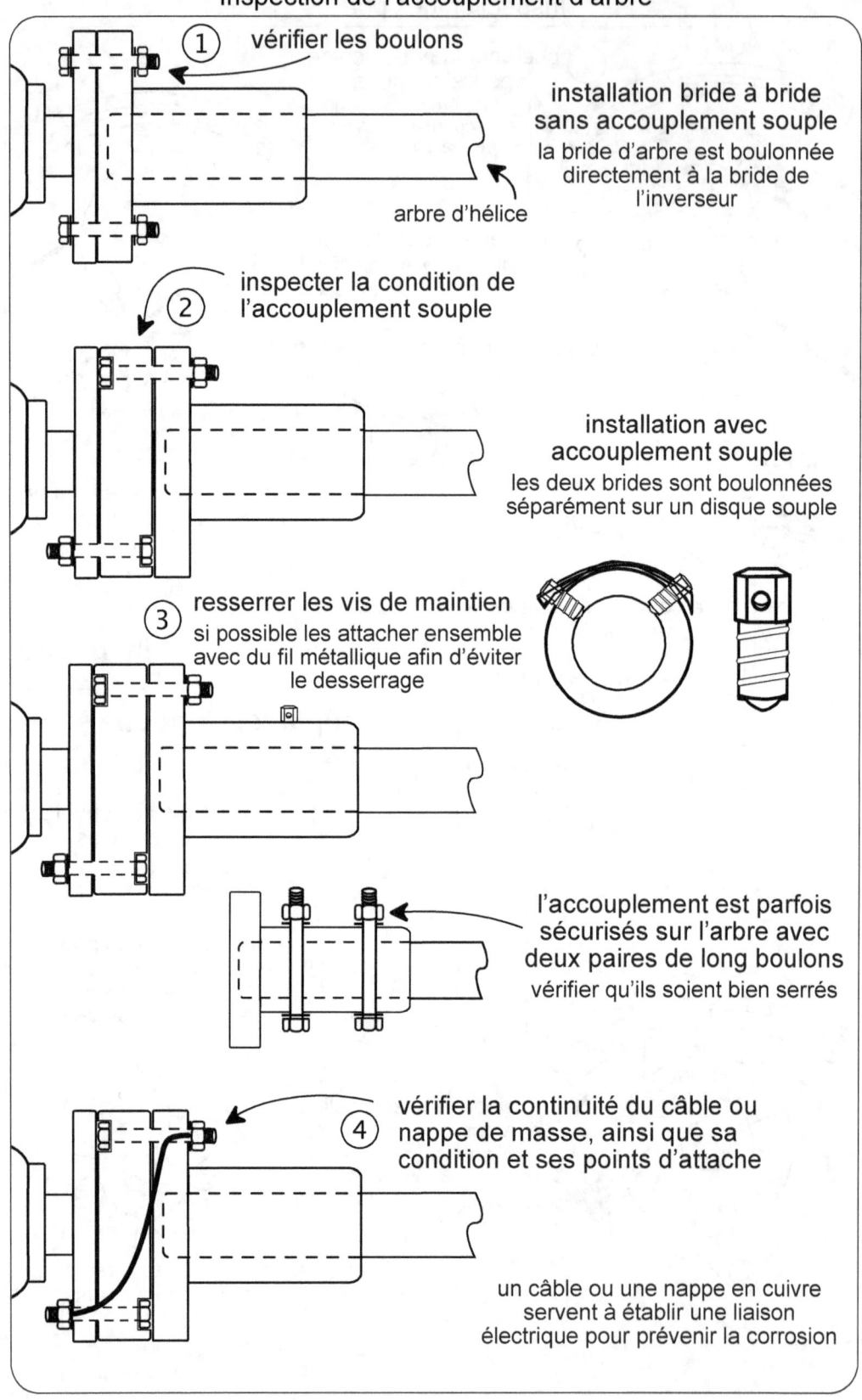

① vérifier les boulons

installation bride à bride sans accouplement souple
la bride d'arbre est boulonnée directement à la bride de l'inverseur

arbre d'hélice

② inspecter la condition de l'accouplement souple

installation avec accouplement souple
les deux brides sont boulonnées séparément sur un disque souple

③ **resserrer les vis de maintien**
si possible les attacher ensemble avec du fil métallique afin d'éviter le desserrage

l'accouplement est parfois sécurisés sur l'arbre avec deux paires de long boulons
vérifier qu'ils soient bien serrés

④ vérifier la continuité du câble ou nappe de masse, ainsi que sa condition et ses points d'attache

un câble ou une nappe en cuivre servent à établir une liaison électrique pour prévenir la corrosion

Inspection de l'arbre d'hélice

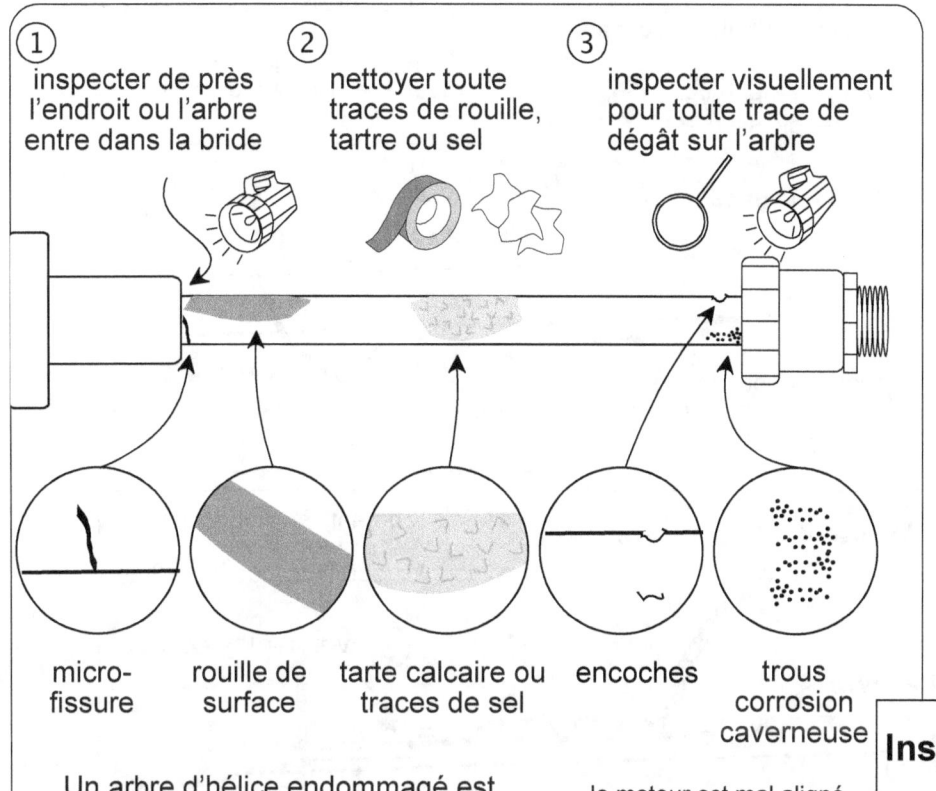

① inspecter de près l'endroit ou l'arbre entre dans la bride

② nettoyer toute traces de rouille, tartre ou sel

③ inspecter visuellement pour toute trace de dégât sur l'arbre

micro-fissure	rouille de surface	tarte calcaire ou traces de sel	encoches	trous corrosion caverneuse

Un arbre d'hélice endommagé est généralement un signe de problèmes au niveau de la transmission ou de la salle des machines

le moteur est mal aligné
le presse étoupe projette de l'eau de mer
mauvais entretien

Inspections

Inspection de tension de courroie

pousser fermement le milieu de la courroie avec le doigt

distance entre les poulies		déviation de la courroie	
cm	pouces	mm	fraction
30	12	2 mm	3/16"
35	14	5 mm	1/4"
40	16	6.5 mm	1/4"
45	18	7.5 mm	9/32"

Inspection des joint d'arbre d'hélice

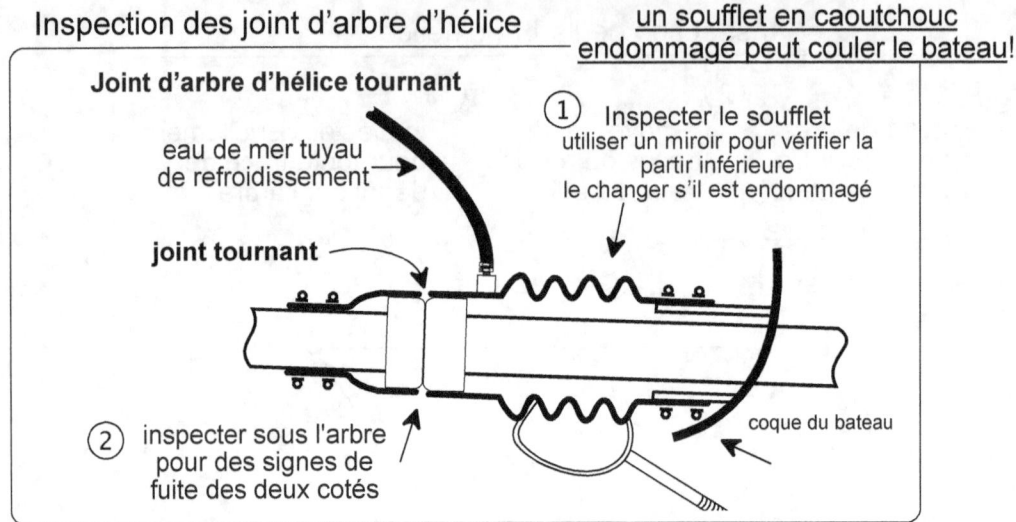

Joint d'arbre d'hélice tournant

eau de mer tuyau de refroidissement

joint tournant

① Inspecter le soufflet
utiliser un miroir pour vérifier la partir inférieure
le changer s'il est endommagé

② inspecter sous l'arbre pour des signes de fuite des deux cotés

coque du bateau

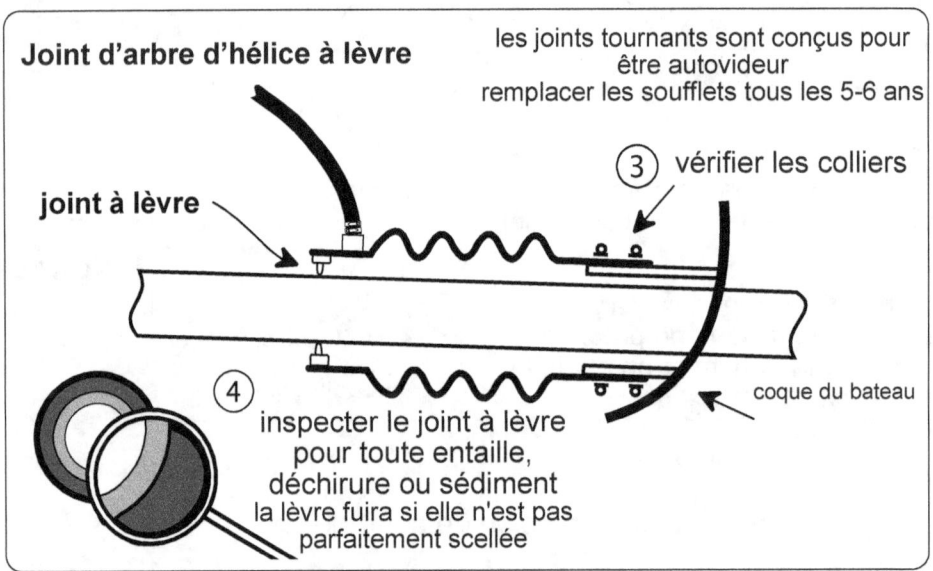

Joint d'arbre d'hélice à lèvre

les joints tournants sont conçus pour être autovideur
remplacer les soufflets tous les 5-6 ans

joint à lèvre

③ vérifier les colliers

④ inspecter le joint à lèvre pour toute entaille, déchirure ou sédiment
la lèvre fuira si elle n'est pas parfaitement scellée

coque du bateau

Inspecter la durite d'un presse étoupe traditionnel

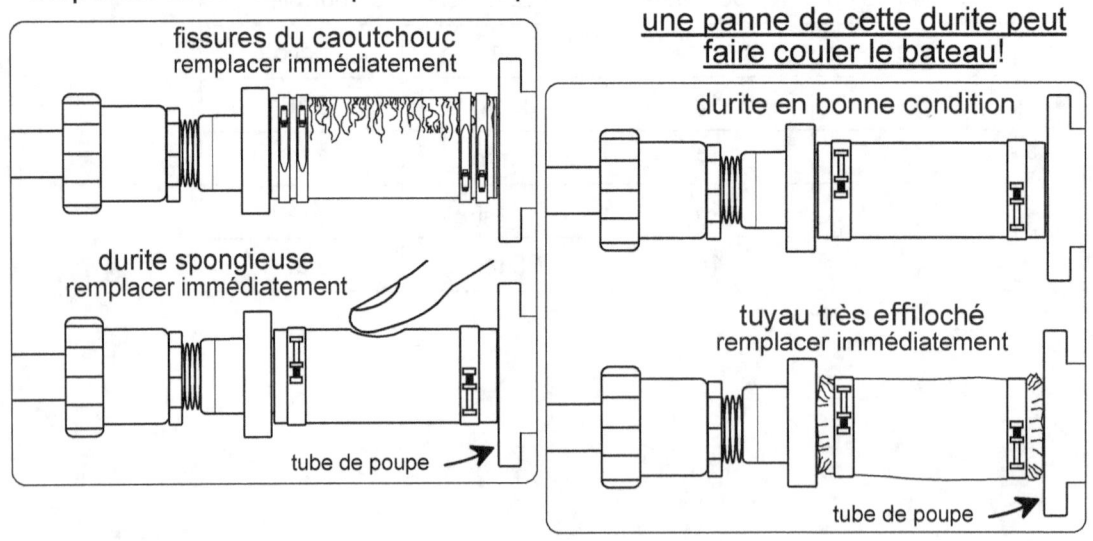

fissures du caoutchouc
remplacer immédiatement

durite spongieuse
remplacer immédiatement

tube de poupe

une panne de cette durite peut faire couler le bateau!

durite en bonne condition

tuyau très effiloché
remplacer immédiatement

tube de poupe

Inspection de la bague hydrolube

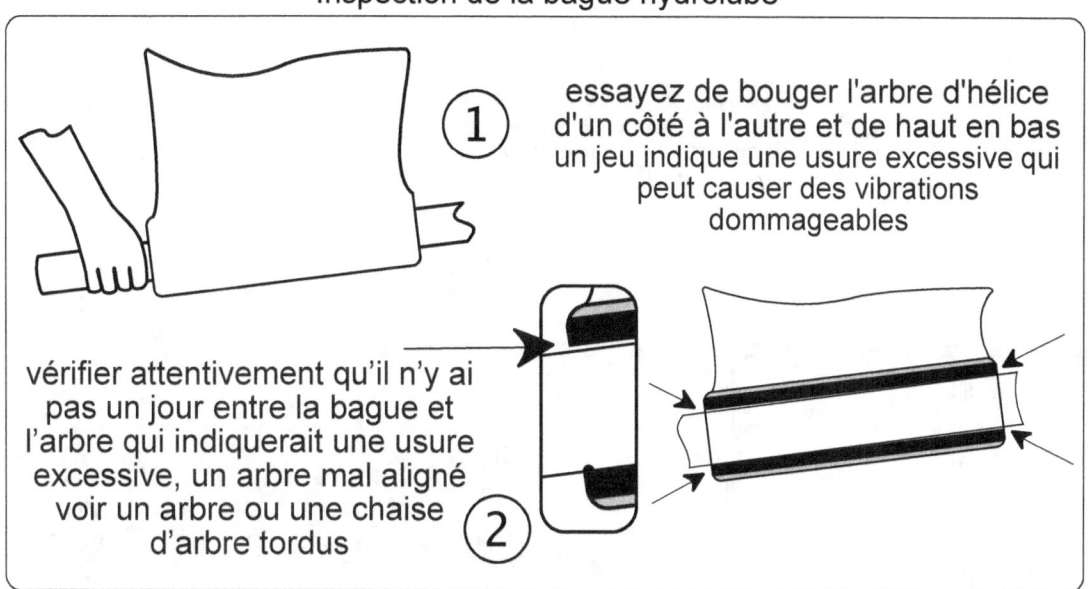

① essayez de bouger l'arbre d'hélice d'un côté à l'autre et de haut en bas un jeu indique une usure excessive qui peut causer des vibrations dommageables

vérifier attentivement qu'il n'y ai pas un jour entre la bague et l'arbre qui indiquerait une usure excessive, un arbre mal aligné voir un arbre ou une chaise d'arbre tordus ②

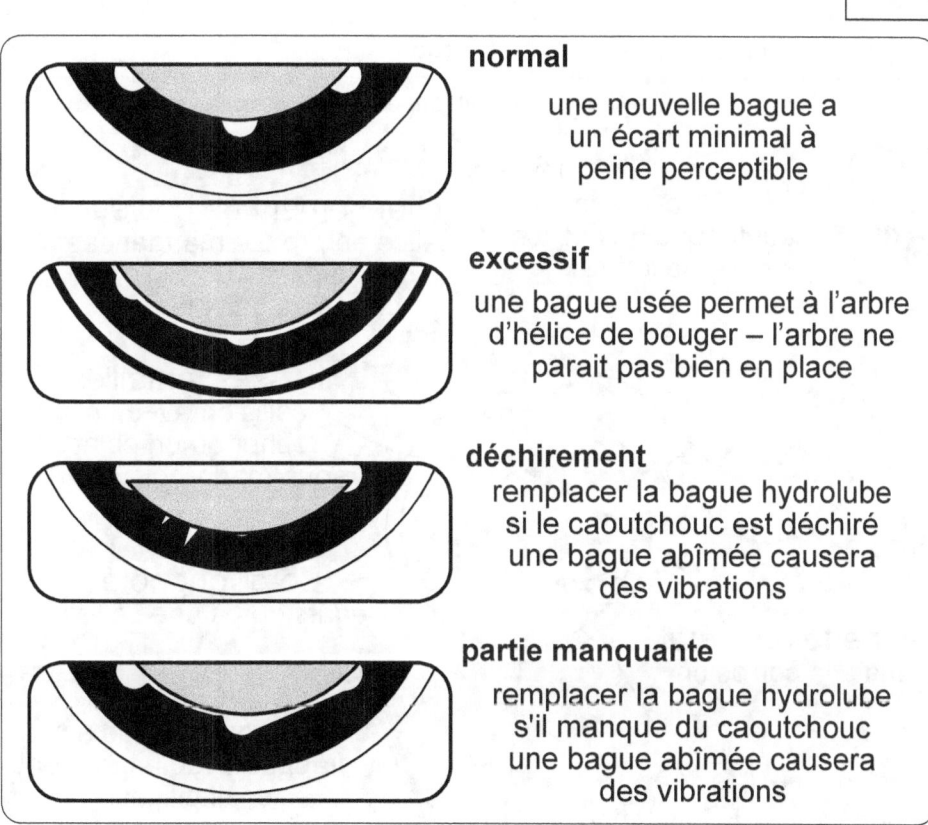

normal
une nouvelle bague a un écart minimal à peine perceptible

excessif
une bague usée permet à l'arbre d'hélice de bouger – l'arbre ne parait pas bien en place

déchirement
remplacer la bague hydrolube si le caoutchouc est déchiré une bague abîmée causera des vibrations

partie manquante
remplacer la bague hydrolube s'il manque du caoutchouc une bague abîmée causera des vibrations

Inspection de la chaise d'arbre

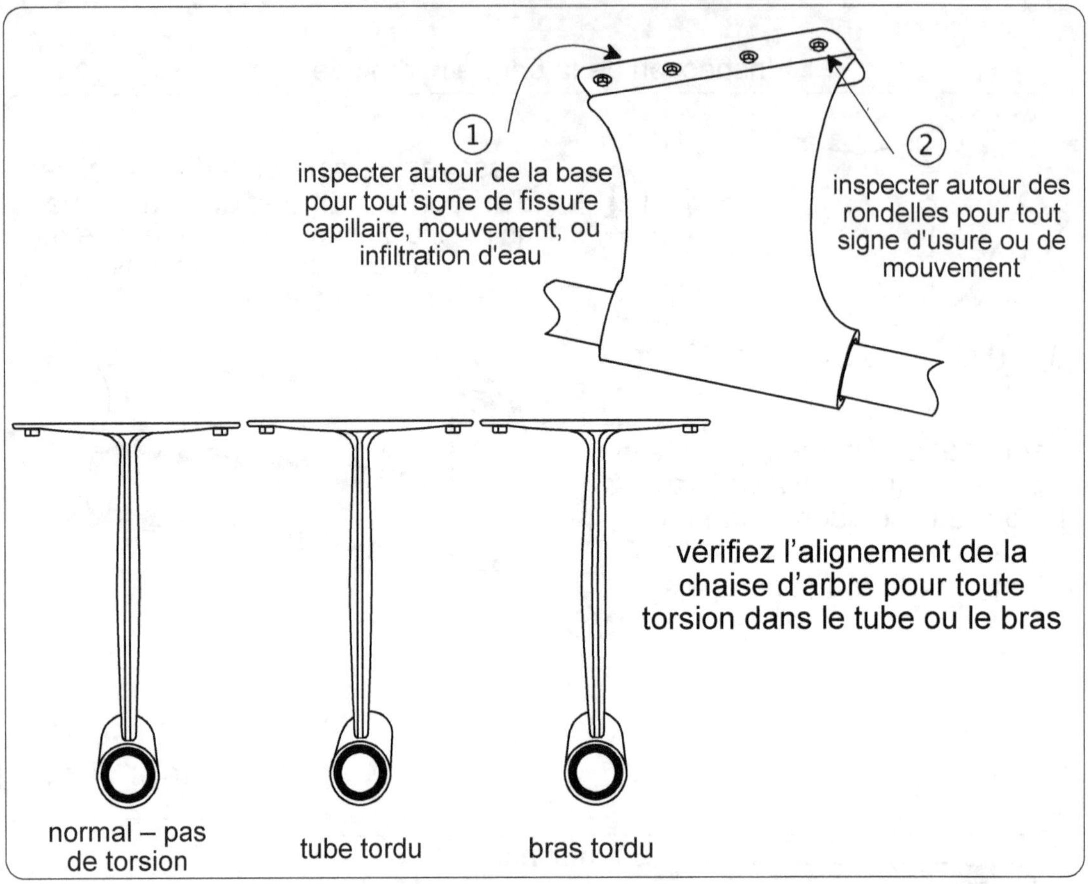

① inspecter autour de la base pour tout signe de fissure capillaire, mouvement, ou infiltration d'eau

② inspecter autour des rondelles pour tout signe d'usure ou de mouvement

vérifiez l'alignement de la chaise d'arbre pour toute torsion dans le tube ou le bras

normal – pas de torsion

tube tordu

bras tordu

Inspection de l'hélice

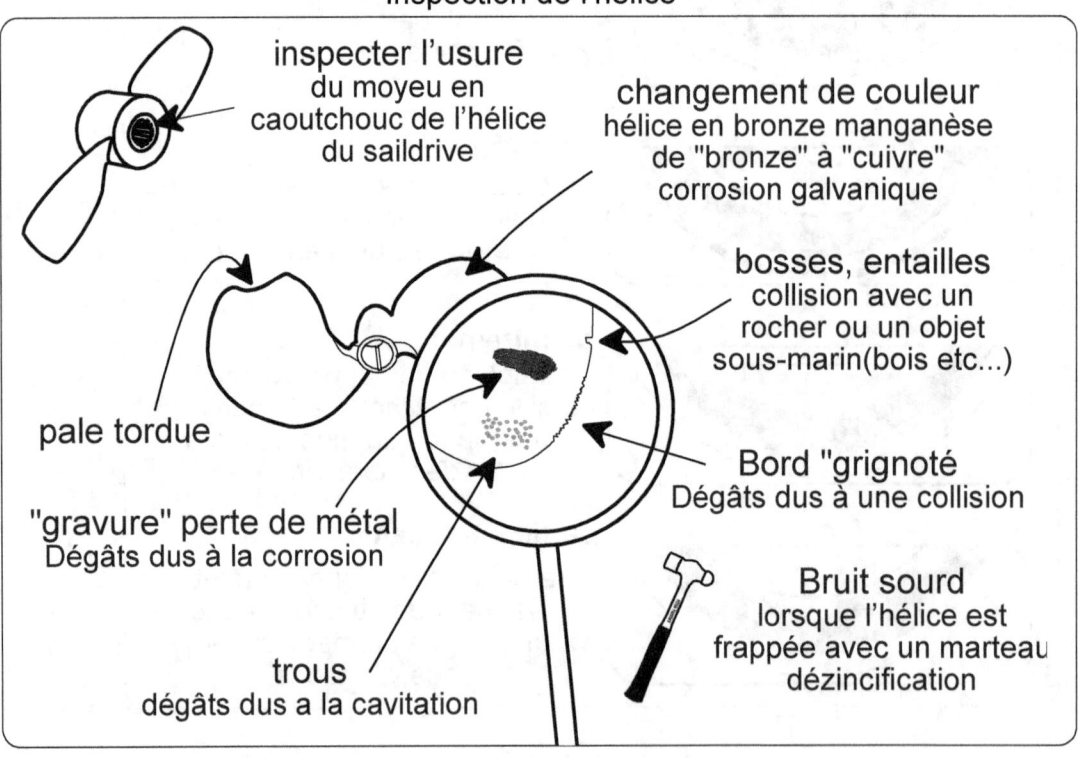

inspecter l'usure du moyeu en caoutchouc de l'hélice du saildrive

changement de couleur hélice en bronze manganèse de "bronze" à "cuivre" corrosion galvanique

bosses, entailles collision avec un rocher ou un objet sous-marin(bois etc...)

pale tordue

"gravure" perte de métal Dégâts dus à la corrosion

Bord "grignoté Dégâts dus à une collision

Bruit sourd lorsque l'hélice est frappée avec un marteau dézincification

trous dégâts dus a la cavitation

Saildrive - Inspection de la bague d'étanchéité en caoutchouc intérieure et de l'alarme du capteur d'eau

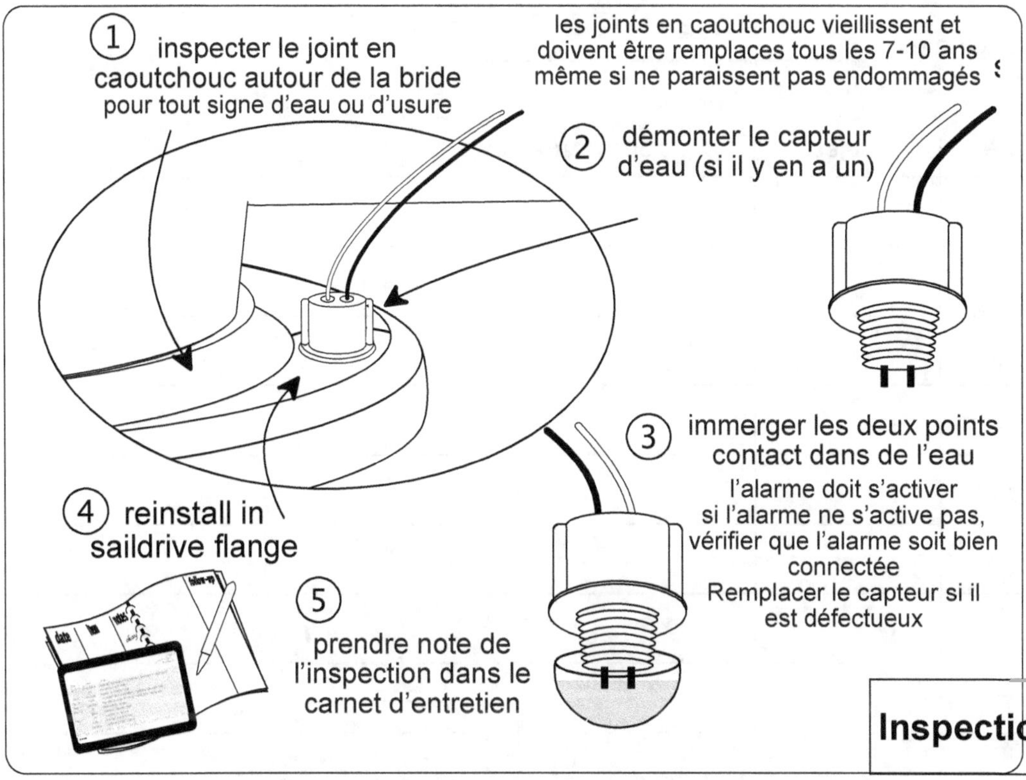

① inspecter le joint en caoutchouc autour de la bride
pour tout signe d'eau ou d'usure

les joints en caoutchouc vieillissent et doivent être remplaces tous les 7-10 ans même si ne paraissent pas endommagés

② démonter le capteur d'eau (si il y en a un)

③ immerger les deux points contact dans de l'eau
l'alarme doit s'activer
si l'alarme ne s'active pas, vérifier que l'alarme soit bien connectée
Remplacer le capteur si il est défectueux

④ reinstall in saildrive flange

⑤ prendre note de l'inspection dans le carnet d'entretien

Inspections

Joint étanche (anneau d'étanchéité en caoutchouc intérieur, gaine, poche, membrane d'étanchéité)

Une double membrane en caoutchouc (gaine), entre les parties supérieure et inférieure d'un saildrive (où il traverse la coque) empêche l'eau de pénétrer dans le bateau ; cependant, une défaillance peut couler le navire. Certains modèles offrent un capteur et une alarme intégrés (ce qui nécessite un système électrique fiable). La gaine doit être remplacée tous les 7 à 10 ans. Il s'agit généralement d'une procédure réservée aux concessionnaires.

Manquer le remplacement de la gaine peut rendre l'assurance du bateau caduque.

Une bride en caoutchouc rectangulaire peut également être "collée" à la coque autour du saildrive pour réduire les turbulences autour de l'ouverture de la coque. Cette gaine extérieure ne fait pas partie du joint étanche (qui se trouve à l'intérieur de la coque du bateau), et de fait n'affecte pas l'étanchéité.

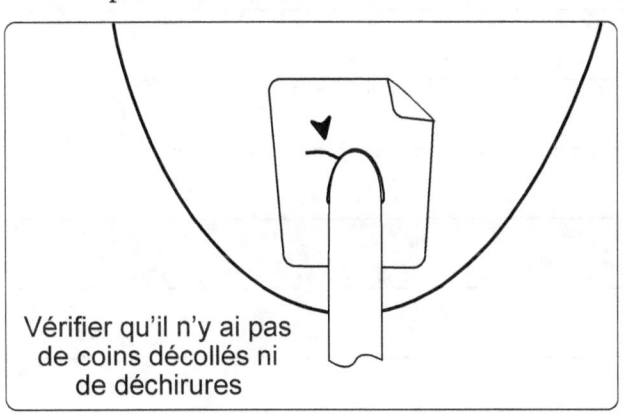

Vérifier qu'il n'y ai pas de coins décollés ni de déchirures

Les réparations doivent être effectuées avec un adhésif NON permanent – poncer pour rendre la coque et le caoutchouc rugueux afin d'améliorer l'adhérence

Entrées du carnet d'entretien

Date originale : _____

date	objet	commentaires

date	objet	commentaires

Carnet d'entretien

date	objet	commentaires

date	objet	commentaires

**Carnet
d'entretien**

date	objet	commentaires

date	objet	commentaires

Carnet d'entretien

date	objet	commentaires

date	objet	commentaires
		Carnet d'entretien

date	objet	commentaires

date	objet	commentaires

Carnet d'entretien

date	objet	commentaires

date	objet	commentaires

**Carnet
d'entretien**

date	objet	commentaires

date	objet	commentaires

**Carnet
d'entretien**

date	objet	commentaires

date	objet	commentaires

**Carnet
d'entretien**

date	objet	commentaires

date	objet	commentaires

**Carnet
d'entretien**

date	objet	commentaires

date	objet	commentaires

**Carnet
d'entretien**

date	objet	commentaires

date	objet	commentaires

**Carnet
d'entretien**

date	objet	commentaires

date	objet	commentaires

**Carnet
d'entretien**

date	objet	commentaires

date	objet	commentaires

Carnet d'entretien

date	objet	commentaires

date	objet	commentaires

Carnet d'entretien

date	objet	commentaires

date	objet	commentaires

**Carnet
d'entretien**

date	objet	commentaires

date	objet	commentaires
		Carnet d'entretien

date	objet	commentaires

date	objet	commentaires

**Carnet
d'entretien**

date	objet	commentaires

date	objet	commentaires
		Carnet d'entretien

date	objet	commentaires

date	objet	commentaires

**Carnet
d'entretien**

date	objet	commentaires

date	objet	commentaires

**Carnet
d'entretien**

date	objet	commentaires

date	objet	commentaires

Carnet d'entretien

date	objet	commentaires

date	objet	commentaires
		Carnet d'entretien

date	objet	commentaires

date	objet	commentaires

**Carnet
d'entretien**

date	objet	commentaires

date	objet	commentaires

**Carnet
d'entretien**

date	objet	commentaires

date	objet	commentaires

**Carnet
d'entretien**

date	objet	commentaires

date	objet	commentaires

**Carnet
d'entretien**

date	objet	commentaires

date	objet	commentaires

Carnet d'entretien

date	objet	commentaires

date	objet	commentaires

**Carnet
d'entretien**

date	objet	commentaires

date	objet	commentaires

**Carnet
d'entretien**

date	objet	commentaires

date	objet	commentaires

**Carnet
d'entretien**

date	objet	commentaires

date	objet	commentaires
		Carnet d'entretien

date	objet	commentaires

date	objet	commentaires
		Carnet d'entretien

date	objet	commentaires

date	objet	commentaires
		Carnet d'entretien

date	objet	commentaires

date	objet	commentaires

**Carnet
d'entretien**

date	objet	commentaires

date	objet	commentaires

Carnet d'entretien

date	objet	commentaires

date	objet	commentaires
		Carnet d'entretien

date	objet	commentaires

date	objet	commentaires

**Carnet
d'entretien**

date	objet	commentaires

date	objet	commentaires

Carnet d'entretien

date	objet	commentaires

date	objet	commentaires

Carnet d'entretien

date	objet	commentaires

date	objet	commentaires

**Carnet
d'entretien**

date	objet	commentaires

date	objet	commentaires
		Carnet d'entretien

date	objet	commentaires

date	objet	commentaires

Carnet d'entretien

date	objet	commentaires

date	objet	commentaires
		Carnet d'entretien

date	objet	commentaires

date	objet	commentaires

**Carnet
d'entretien**

date	objet	commentaires

date	objet	commentaires

Carnet d'entretien

date	objet	commentaires

date	objet	commentaires

**Carnet
d'entretien**

date	objet	commentaires

date	objet	commentaires
		Carnet d'entretien

date	objet	commentaires

date	objet	commentaires

**Carnet
d'entretien**

date	objet	commentaires

date	objet	commentaires

**Carnet
d'entretien**

date	objet	commentaires

date	objet	commentaires

**Carnet
d'entretien**

Date finale_____

Résumés

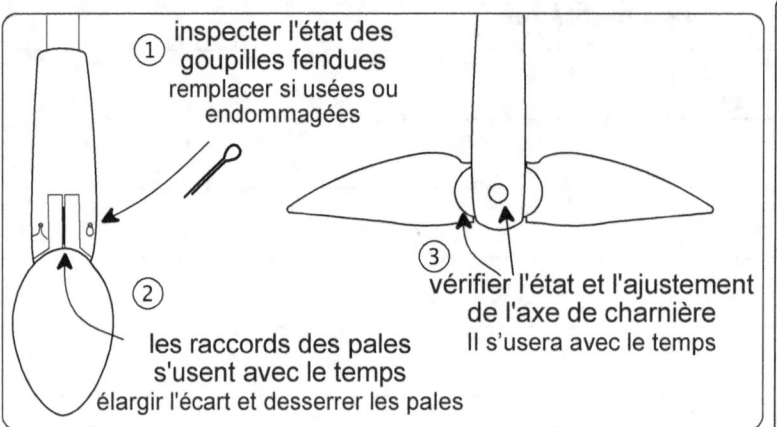

① inspecter l'état des goupilles fendues
remplacer si usées ou endommagées

② les raccords des pales s'usent avec le temps
élargir l'écart et desserrer les pales

③ vérifier l'état et l'ajustement de l'axe de charnière
Il s'usera avec le temps

Inspection d'une hélice repliable

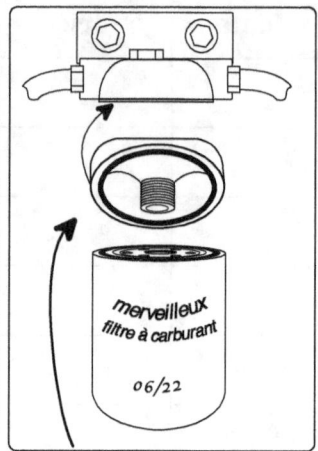

merveilleux filtre à carburant

06/22

Vérifiez que l'ancien joint ai été retiré - filtre à carburant secondaire vissable

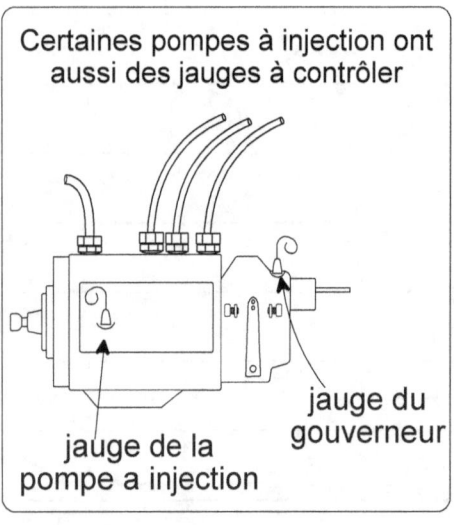

Certaines pompes à injection ont aussi des jauges à contrôler

jauge du gouverneur

jauge de la pompe a injection

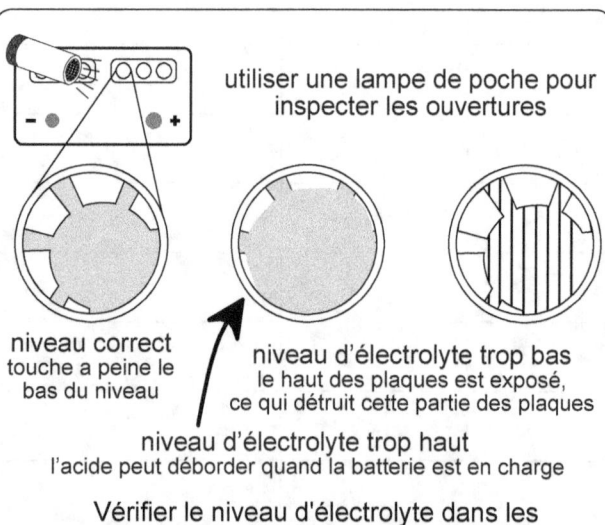

utiliser une lampe de poche pour inspecter les ouvertures

niveau correct
touche a peine le bas du niveau

niveau d'électrolyte trop bas
le haut des plaques est exposé, ce qui détruit cette partie des plaques

niveau d'électrolyte trop haut
l'acide peut déborder quand la batterie est en charge

Vérifier le niveau d'électrolyte dans les batteries à cellules humides ouvertes

Journal de carburant diesel

date	h/moteur	réservoir n°	pré-filtrage O / N	page
fuel dans le réservoir L	**fuel ajouté** L		**qté totale dans le réservoir** L	

date	h/moteur	réservoir n°	pré-filtrage O / N	page
fuel dans le réservoir L	**fuel ajouté** L		**qté totale dans le réservoir** L	

date	h/moteur	réservoir n°	pré-filtrage O / N	page
fuel dans le réservoir L	**fuel ajouté** L		**qté totale dans le réservoir** L	

date	h/moteur	réservoir n°	pré-filtrage O / N	page
fuel dans le réservoir L	**fuel ajouté** L		**qté totale dans le réservoir** L	

date	h/moteur	réservoir n°	pré-filtrage O / N	page
fuel dans le réservoir L	**fuel ajouté** L		**qté totale dans le réservoir** L	

date	h/moteur	réservoir n°	pré-filtrage O / N	page
fuel dans le réservoir L	**fuel ajouté** L		**qté totale dans le réservoir** L	

h/moteur – heures moteur
pré-filtrage – préfiltré à l'aide d'un entonnoir de
    filtre à carburant
O / N – oui / non
page – voir l'entrée dans le Carnet d/entretien
L – Litres

entonnoir
à filtre

Résumés

date	h/moteur	réservoir n°	pré-filtrage O / N	page
fuel dans le réservoir L	**fuel ajouté** L		**qté totale dans le réservoir** L	

date	h/moteur	réservoir n°	pré-filtrage O / N	page
fuel dans le réservoir L	**fuel ajouté** L		**qté totale dans le réservoir** L	

date	h/moteur	réservoir n°	pré-filtrage O / N	page
fuel dans le réservoir L	**fuel ajouté** L		**qté totale dans le réservoir** L	

date	h/moteur	réservoir n°	pré-filtrage O / N	page
fuel dans le réservoir L	**fuel ajouté** L		**qté totale dans le réservoir** L	

Journal de carburant diesel

Commentaires : _____

date	h/moteur	réservoir n°	pré-filtrage O / N	page
fuel dans le réservoir L	fuel ajouté L		qté totale dans le réservoir L	
date	h/moteur	réservoir n°	pré-filtrage O / N	page
fuel dans le réservoir L	fuel ajouté L		qté totale dans le réservoir L	
date	h/moteur	réservoir n°	pré-filtrage O / N	page
fuel dans le réservoir L	fuel ajouté L		qté totale dans le réservoir L	
date	h/moteur	réservoir n°	pré-filtrage O / N	page
fuel dans le réservoir L	fuel ajouté L		qté totale dans le réservoir L	
date	h/moteur	réservoir n°	pré-filtrage O / N	page
fuel dans le réservoir L	fuel ajouté L		qté totale dans le réservoir L	
date	h/moteur	réservoir n°	pré-filtrage O / N	page
fuel dans le réservoir L	fuel ajouté L		qté totale dans le réservoir L	
date	h/moteur	réservoir n°	pré-filtrage O / N	page
fuel dans le réservoir L	fuel ajouté L		qté totale dans le réservoir L	
date	h/moteur	réservoir n°	pré-filtrage O / N	page
fuel dans le réservoir L	fuel ajouté L		qté totale dans le réservoir L	
date	h/moteur	réservoir n°	pré-filtrage O / N	page
fuel dans le réservoir L	fuel ajouté L		qté totale dans le réservoir L	
date	h/moteur	réservoir n°	pré-filtrage O / N	page
fuel dans le réservoir L	fuel ajouté L		qté totale dans le réservoir L	
date	h/moteur	réservoir n°	pré-filtrage O / N	page
fuel dans le réservoir L	fuel ajouté L		qté totale dans le réservoir L	

Journal de carburant diesel

date	h/moteur	réservoir n°	pré-filtrage O / N	page
fuel dans le réservoir	fuel ajouté		qté totale dans le réservoir	
L	L			L
date	h/moteur	réservoir n°	pré-filtrage O / N	page
fuel dans le réservoir	fuel ajouté		qté totale dans le réservoir	
L	L			L
date	h/moteur	réservoir n°	pré-filtrage O / N	page
fuel dans le réservoir	fuel ajouté		qté totale dans le réservoir	
L	L			L
date	h/moteur	réservoir n°	pré-filtrage O / N	page
fuel dans le réservoir	fuel ajouté		qté totale dans le réservoir	
L	L			L
date	h/moteur	réservoir n°	pré-filtrage O / N	page
fuel dans le réservoir	fuel ajouté		qté totale dans le réservoir	
L	L			L
date	h/moteur	réservoir n°	pré-filtrage O / N	page
fuel dans le réservoir	fuel ajouté		qté totale dans le réservoir	
L	L			L

h/moteur – heures moteur
pré-filtrage – préfiltré à l'aide d'un entonnoir de
   filtre à carburant
O / N – oui / non
page – voir l'entrée dans le Carnet d/entretien
L – Litres

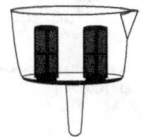

entonnoir
à filtre

Résumés

date	h/moteur	réservoir n°	pré-filtrage O / N	page
fuel dans le réservoir	fuel ajouté		qté totale dans le réservoir	
L	L			L
date	h/moteur	réservoir n°	pré-filtrage O / N	page
fuel dans le réservoir	fuel ajouté		qté totale dans le réservoir	
L	L			L
date	h/moteur	réservoir n°	pré-filtrage O / N	page
fuel dans le réservoir	fuel ajouté		qté totale dans le réservoir	
L	L			L
date	h/moteur	réservoir n°	pré-filtrage O / N	page
fuel dans le réservoir	fuel ajouté		qté totale dans le réservoir	
L	L			L

Journal de carburant diesel

Commentaires : _____

date	h/moteur	réservoir n°	pré-filtrage O / N	page
fuel dans le réservoir L	fuel ajouté L		qté totale dans le réservoir L	
date	h/moteur	réservoir n°	pré-filtrage O / N	page
fuel dans le réservoir L	fuel ajouté L		qté totale dans le réservoir L	
date	h/moteur	réservoir n°	pré-filtrage O / N	page
fuel dans le réservoir L	fuel ajouté L		qté totale dans le réservoir L	
date	h/moteur	réservoir n°	pré-filtrage O / N	page
fuel dans le réservoir L	fuel ajouté L		qté totale dans le réservoir L	
date	h/moteur	réservoir n°	pré-filtrage O / N	page
fuel dans le réservoir L	fuel ajouté L		qté totale dans le réservoir L	
date	h/moteur	réservoir n°	pré-filtrage O / N	page
fuel dans le réservoir L	fuel ajouté L		qté totale dans le réservoir L	
date	h/moteur	réservoir n°	pré-filtrage O / N	page
fuel dans le réservoir L	fuel ajouté L		qté totale dans le réservoir L	
date	h/moteur	réservoir n°	pré-filtrage O / N	page
fuel dans le réservoir L	fuel ajouté L		qté totale dans le réservoir L	
date	h/moteur	réservoir n°	pré-filtrage O / N	page
fuel dans le réservoir L	fuel ajouté L		qté totale dans le réservoir L	
date	h/moteur	réservoir n°	pré-filtrage O / N	page
fuel dans le réservoir L	fuel ajouté L		qté totale dans le réservoir L	
date	h/moteur	réservoir n°	pré-filtrage O / N	page
fuel dans le réservoir L	fuel ajouté L		qté totale dans le réservoir L	

Journal de carburant diesel

date	h/moteur	réservoir n°	pré-filtrage O / N	page
fuel dans le réservoir	fuel ajouté		qté totale dans le réservoir	
L	L		L	

date	h/moteur	réservoir n°	pré-filtrage O / N	page
fuel dans le réservoir	fuel ajouté		qté totale dans le réservoir	
L	L		L	

date	h/moteur	réservoir n°	pré-filtrage O / N	page
fuel dans le réservoir	fuel ajouté		qté totale dans le réservoir	
L	L		L	

date	h/moteur	réservoir n°	pré-filtrage O / N	page
fuel dans le réservoir	fuel ajouté		qté totale dans le réservoir	
L	L		L	

date	h/moteur	réservoir n°	pré-filtrage O / N	page
fuel dans le réservoir	fuel ajouté		qté totale dans le réservoir	
L	L		L	

date	h/moteur	réservoir n°	pré-filtrage O / N	page
fuel dans le réservoir	fuel ajouté		qté totale dans le réservoir	
L	L		L	

h/moteur – heures moteur

pré-filtrage – préfiltré à l'aide d'un entonnoir de filtre à carburant

O / N – oui / non

page – voir l'entrée dans le Carnet d/entretien

L – Litres

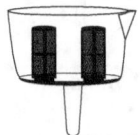

entonnoir à filtre

Résumés

date	h/moteur	réservoir n°	pré-filtrage O / N	page
fuel dans le réservoir	fuel ajouté		qté totale dans le réservoir	
L	L		L	

date	h/moteur	réservoir n°	pré-filtrage O / N	page
fuel dans le réservoir	fuel ajouté		qté totale dans le réservoir	
L	L		L	

date	h/moteur	réservoir n°	pré-filtrage O / N	page
fuel dans le réservoir	fuel ajouté		qté totale dans le réservoir	
L	L		L	

date	h/moteur	réservoir n°	pré-filtrage O / N	page
fuel dans le réservoir	fuel ajouté		qté totale dans le réservoir	
L	L		L	

Journal de carburant diesel

Commentaires : _____

date	h/moteur	réservoir n°	pré-filtrage O / N	page
fuel dans le réservoir L	fuel ajouté L		qté totale dans le réservoir L	
date	h/moteur	réservoir n°	pré-filtrage O / N	page
fuel dans le réservoir L	fuel ajouté L		qté totale dans le réservoir L	
date	h/moteur	réservoir n°	pré-filtrage O / N	page
fuel dans le réservoir L	fuel ajouté L		qté totale dans le réservoir L	
date	h/moteur	réservoir n°	pré-filtrage O / N	page
fuel dans le réservoir L	fuel ajouté L		qté totale dans le réservoir L	
date	h/moteur	réservoir n°	pré-filtrage O / N	page
fuel dans le réservoir L	fuel ajouté L		qté totale dans le réservoir L	
date	h/moteur	réservoir n°	pré-filtrage O / N	page
fuel dans le réservoir L	fuel ajouté L		qté totale dans le réservoir L	
date	h/moteur	réservoir n°	pré-filtrage O / N	page
fuel dans le réservoir L	fuel ajouté L		qté totale dans le réservoir L	
date	h/moteur	réservoir n°	pré-filtrage O / N	page
fuel dans le réservoir L	fuel ajouté L		qté totale dans le réservoir L	
date	h/moteur	réservoir n°	pré-filtrage O / N	page
fuel dans le réservoir L	fuel ajouté L		qté totale dans le réservoir L	
date	h/moteur	réservoir n°	pré-filtrage O / N	page
fuel dans le réservoir L	fuel ajouté L		qté totale dans le réservoir L	
date	h/moteur	réservoir n°	pré-filtrage O / N	page
fuel dans le réservoir L	fuel ajouté L		qté totale dans le réservoir L	

Journal de carburant diesel

date	h/moteur	réservoir n°	pré-filtrage O / N	page
fuel dans le réservoir		fuel ajouté	qté totale dans le réservoir	
L		L		L
date	h/moteur	réservoir n°	pré-filtrage O / N	page
fuel dans le réservoir		fuel ajouté	qté totale dans le réservoir	
L		L		L
date	h/moteur	réservoir n°	pré-filtrage O / N	page
fuel dans le réservoir		fuel ajouté	qté totale dans le réservoir	
L		L		L
date	h/moteur	réservoir n°	pré-filtrage O / N	page
fuel dans le réservoir		fuel ajouté	qté totale dans le réservoir	
L		L		L
date	h/moteur	réservoir n°	pré-filtrage O / N	page
fuel dans le réservoir		fuel ajouté	qté totale dans le réservoir	
L		L		L
date	h/moteur	réservoir n°	pré-filtrage O / N	page
fuel dans le réservoir		fuel ajouté	qté totale dans le réservoir	
L		L		L

h/moteur – heures moteur

pré-filtrage – préfiltré à l'aide d'un entonnoir de filtre à carburant

O / N – oui / non

page – voir l'entrée dans le Carnet d'entretien

L – Litres

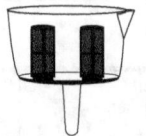

entonnoir à filtre

Résumés

date	h/moteur	réservoir n°	pré-filtrage O / N	page
fuel dans le réservoir		fuel ajouté	qté totale dans le réservoir	
L		L		L
date	h/moteur	réservoir n°	pré-filtrage O / N	page
fuel dans le réservoir		fuel ajouté	qté totale dans le réservoir	
L		L		L
date	h/moteur	réservoir n°	pré-filtrage O / N	page
fuel dans le réservoir		fuel ajouté	qté totale dans le réservoir	
L		L		L
date	h/moteur	réservoir n°	pré-filtrage O / N	page
fuel dans le réservoir		fuel ajouté	qté totale dans le réservoir	
L		L		L

Vidanges huile moteur

Commentaires : _____

date	h/moteur	# de filtre	page
huile vidangée L	huile ajoutée L	marque et grade de l'huile	
date	h/moteur	# de filtre	page
huile vidangée L	huile ajoutée L	marque et grade de l'huile	
date	h/moteur	# de filtre	page
huile vidangée L	huile ajoutée L	marque et grade de l'huile	
date	h/moteur	# de filtre	page
huile vidangée L	huile ajoutée L	marque et grade de l'huile	
date	h/moteur	# de filtre	page
huile vidangée L	huile ajoutée L	marque et grade de l'huile	
date	h/moteur	# de filtre	page
huile vidangée L	huile ajoutée L	marque et grade de l'huile	
date	h/moteur	# de filtre	page
huile vidangée L	huile ajoutée L	marque et grade de l'huile	
date	h/moteur	# de filtre	page
huile vidangée L	huile ajoutée L	marque et grade de l'huile	
date	h/moteur	# de filtre	page
huile vidangée L	huile ajoutée L	marque et grade de l'huile	
date	h/moteur	# de filtre	page
huile vidangée L	huile ajoutée L	marque et grade de l'huile	
date	h/moteur	# de filtre	page
huile vidangée L	huile ajoutée L	marque et grade de l'huile	

Vidanges huile moteur

date	h/moteur	# de filtre	page
huile vidangée L	huile ajoutée L	marque et grade de l'huile	
date	h/moteur	# de filtre	page
huile vidangée L	huile ajoutée L	marque et grade de l'huile	
date	h/moteur	# de filtre	page
huile vidangée L	huile ajoutée L	marque et grade de l'huile	
date	h/moteur	# de filtre	page
huile vidangée L	huile ajoutée L	marque et grade de l'huile	
date	h/moteur	# de filtre	page
huile vidangée L	huile ajoutée L	marque et grade de l'huile	
date	h/moteur	# de filtre	page
huile vidangée L	huile ajoutée L	marque et grade de l'huile	

h/moteur – heures moteur
page – voir la page sur le carnet d'entretien
L – Litres

Résumés

date	h/moteur	# de filtre	page
huile vidangée L	huile ajoutée L	marque et grade de l'huile	
date	h/moteur	# de filtre	page
huile vidangée L	huile ajoutée L	marque et grade de l'huile	
date	h/moteur	# de filtre	page
huile vidangée L	huile ajoutée L	marque et grade de l'huile	
date	h/moteur	# de filtre	page
huile vidangée L	huile ajoutée L	marque et grade de l'huile	

Vidanges huile moteur

Commentaires : _____

date	h/moteur	# de filtre	page
huile vidangée L	huile ajoutée L	marque et grade de l'huile	
date	h/moteur	# de filtre	page
huile vidangée L	huile ajoutée L	marque et grade de l'huile	
date	h/moteur	# de filtre	page
huile vidangée L	huile ajoutée L	marque et grade de l'huile	
date	h/moteur	# de filtre	page
huile vidangée L	huile ajoutée L	marque et grade de l'huile	
date	h/moteur	# de filtre	page
huile vidangée L	huile ajoutée L	marque et grade de l'huile	
date	h/moteur	# de filtre	page
huile vidangée L	huile ajoutée L	marque et grade de l'huile	
date	h/moteur	# de filtre	page
huile vidangée L	huile ajoutée L	marque et grade de l'huile	
date	h/moteur	# de filtre	page
huile vidangée L	huile ajoutée L	marque et grade de l'huile	
date	h/moteur	# de filtre	page
huile vidangée L	huile ajoutée L	marque et grade de l'huile	
date	h/moteur	# de filtre	page
huile vidangée L	huile ajoutée L	marque et grade de l'huile	
date	h/moteur	# de filtre	page
huile vidangée L	huile ajoutée L	marque et grade de l'huile	
date	h/moteur	# de filtre	page
huile vidangée L	huile ajoutée L	marque et grade de l'huile	

Vidanges huile moteur

date	h/moteur	# de filtre	page
huile vidangée L	huile ajoutée L	marque et grade de l'huile	
date	h/moteur	# de filtre	page
huile vidangée L	huile ajoutée L	marque et grade de l'huile	
date	h/moteur	# de filtre	page
huile vidangée L	huile ajoutée L	marque et grade de l'huile	
date	h/moteur	# de filtre	page
huile vidangée L	huile ajoutée L	marque et grade de l'huile	
date	h/moteur	# de filtre	page
huile vidangée L	huile ajoutée L	marque et grade de l'huile	
date	h/moteur	# de filtre	page
huile vidangée L	huile ajoutée L	marque et grade de l'huile	

h/moteur – heures moteur
page – voir la page sur le carnet d'entretien
L – Litres

Résumés

date	h/moteur	# de filtre	page
huile vidangée L	huile ajoutée L	marque et grade de l'huile	
date	h/moteur	# de filtre	page
huile vidangée L	huile ajoutée L	marque et grade de l'huile	
date	h/moteur	# de filtre	page
huile vidangée L	huile ajoutée L	marque et grade de l'huile	
date	h/moteur	# de filtre	page
huile vidangée L	huile ajoutée L	marque et grade de l'huile	

Vidanges de liquide de transmission*

Commentaires : _____

date	h/moteur	coleur de ATF	page
ATF vidangée L	ATF ajoutée L	marque et type d'ATF	
date	h/moteur	coleur de ATF	page
ATF vidangée L	ATF ajoutée L	marque et type d'ATF	
date	h/moteur	coleur de ATF	page
ATF vidangée L	ATF ajoutée L	marque et type d'ATF	
date	h/moteur	coleur de ATF	page
ATF vidangée L	ATF ajoutée L	marque et type d'ATF	
date	h/moteur	coleur de ATF	page
ATF vidangée L	ATF ajoutée L	marque et type d'ATF	
date	h/moteur	coleur de ATF	page
ATF vidangée L	ATF ajoutée L	marque et type d'ATF	
date	h/moteur	coleur de ATF	page
ATF vidangée L	ATF ajoutée L	marque et type d'ATF	
date	h/moteur	coleur de ATF	page
ATF vidangée L	ATF ajoutée L	marque et type d'ATF	
date	h/moteur	coleur de ATF	page
ATF vidangée L	ATF ajoutée L	marque et type d'ATF	
date	h/moteur	coleur de ATF	page
ATF vidangée L	ATF ajoutée L	marque et type d'ATF	

Vidanges de liquide de transmission*

date	h/moteur	coleur de ATF	page
ATF vidangée L	ATF ajoutée L	marque et type d'ATF	
date	h/moteur	coleur de ATF	page
ATF vidangée L	ATF ajoutée L	marque et type d'ATF	
date	h/moteur	coleur de ATF	page
ATF vidangée L	ATF ajoutée L	marque et type d'ATF	
date	h/moteur	coleur de ATF	page
ATF vidangée L	ATF ajoutée L	marque et type d'ATF	
date	h/moteur	coleur de ATF	page
ATF vidangée L	ATF ajoutée L	marque et type d'ATF	
date	h/moteur	coleur de ATF	page
ATF vidangée L	ATF ajoutée L	marque et type d'ATF	

h/moteur – heures moteur
page – voir la page sur le carnet d'entretien
L – Litres

Résumés

date	h/moteur	coleur de ATF	page
ATF vidangée L	ATF ajoutée L	marque et type d'ATF	
date	h/moteur	coleur de ATF	page
ATF vidangée L	ATF ajoutée L	marque et type d'ATF	
date	h/moteur	coleur de ATF	page
ATF vidangée L	ATF ajoutée L	marque et type d'ATF	
date	h/moteur	coleur de ATF	page
ATF vidangée L	ATF ajoutée L	marque et type d'ATF	

*ATF ou huile moteur, voir le manuel

Changements des filtre à fuel primaires

Commentaires : _____

date	h/moteur	taille en micron	page
marque et numéro de filtre		état de l'ancien filtre	
date	h/moteur	taille en micron	page
marque et numéro de filtre		état de l'ancien filtre	
date	h/moteur	taille en micron	page
marque et numéro de filtre		état de l'ancien filtre	
date	h/moteur	taille en micron	page
marque et numéro de filtre		état de l'ancien filtre	
date	h/moteur	taille en micron	page
marque et numéro de filtre		état de l'ancien filtre	
date	h/moteur	taille en micron	page
marque et numéro de filtre		état de l'ancien filtre	
date	h/moteur	taille en micron	page
marque et numéro de filtre		état de l'ancien filtre	
date	h/moteur	taille en micron	page
marque et numéro de filtre		état de l'ancien filtre	
date	h/moteur	taille en micron	page
marque et numéro de filtre		état de l'ancien filtre	
date	h/moteur	taille en micron	page
marque et numéro de filtre		état de l'ancien filtre	
date	h/moteur	taille en micron	page
marque et numéro de filtre		état de l'ancien filtre	
date	h/moteur	taille en micron	page
marque et numéro de filtre		état de l'ancien filtre	

Changements des filtre à fuel primaires

date	h/moteur	taille en micron	page
marque et numéro de filtre		état de l'ancien filtre	
date	h/moteur	taille en micron	page
marque et numéro de filtre		état de l'ancien filtre	
date	h/moteur	taille en micron	page
marque et numéro de filtre		état de l'ancien filtre	
date	h/moteur	taille en micron	page
marque et numéro de filtre		état de l'ancien filtre	
date	h/moteur	taille en micron	page
marque et numéro de filtre		état de l'ancien filtre	
date	h/moteur	taille en micron	page
marque et numéro de filtre		état de l'ancien filtre	

h/moteur – heures moteur
page – voir la page sur le carnet d'entretien

filtre à
carburant diesel
10 microns

Résumés

date	h/moteur	taille en micron	page
marque et numéro de filtre		état de l'ancien filtre	
date	h/moteur	taille en micron	page
marque et numéro de filtre		état de l'ancien filtre	
date	h/moteur	taille en micron	page
marque et numéro de filtre		état de l'ancien filtre	
date	h/moteur	taille en micron	page
marque et numéro de filtre		état de l'ancien filtre	

Changements des filtre à fuel secondaires

Commentaires : _____

date	h/moteur	taille en micron	page
marque et numéro de filtre		état de l'ancien filtre	
date	h/moteur	taille en micron	page
marque et numéro de filtre		état de l'ancien filtre	
date	h/moteur	taille en micron	page
marque et numéro de filtre		état de l'ancien filtre	
date	h/moteur	taille en micron	page
marque et numéro de filtre		état de l'ancien filtre	
date	h/moteur	taille en micron	page
marque et numéro de filtre		état de l'ancien filtre	
date	h/moteur	taille en micron	page
marque et numéro de filtre		état de l'ancien filtre	
date	h/moteur	taille en micron	page
marque et numéro de filtre		état de l'ancien filtre	
date	h/moteur	taille en micron	page
marque et numéro de filtre		état de l'ancien filtre	
date	h/moteur	taille en micron	page
marque et numéro de filtre		état de l'ancien filtre	
date	h/moteur	taille en micron	page
marque et numéro de filtre		état de l'ancien filtre	
date	h/moteur	taille en micron	page
marque et numéro de filtre		état de l'ancien filtre	

Changements des filtre à fuel secondaires

date	h/moteur	taille en micron	page
marque et numéro de filtre		état de l'ancien filtre	
date	h/moteur	taille en micron	page
marque et numéro de filtre		état de l'ancien filtre	
date	h/moteur	taille en micron	page
marque et numéro de filtre		état de l'ancien filtre	
date	h/moteur	taille en micron	page
marque et numéro de filtre		état de l'ancien filtre	
date	h/moteur	taille en micron	page
marque et numéro de filtre		état de l'ancien filtre	
date	h/moteur	taille en micron	page
marque et numéro de filtre		état de l'ancien filtre	

h/moteur – heures moteur
page – voir la page sur le carnet d'entretien

Résumés

date	h/moteur	taille en micron	page
marque et numéro de filtre		état de l'ancien filtre	
date	h/moteur	taille en micron	page
marque et numéro de filtre		état de l'ancien filtre	
date	h/moteur	taille en micron	page
marque et numéro de filtre		état de l'ancien filtre	
date	h/moteur	taille en micron	page
marque et numéro de filtre		état de l'ancien filtre	

Inspection et changement de turbine de pompe à eau de mer

Commentaires : _____

date	h/moteur	turbine changée ? O / N	page
marque et modèle de turbine		état de l'ancienne turbine	
date	h/moteur	turbine changée ? O / N	page
marque et modèle de turbine		état de l'ancienne turbine	
date	h/moteur	turbine changée ? O / N	page
marque et modèle de turbine		état de l'ancienne turbine	
date	h/moteur	turbine changée ? O / N	page
marque et modèle de turbine		état de l'ancienne turbine	
date	h/moteur	turbine changée ? O / N	page
marque et modèle de turbine		état de l'ancienne turbine	
date	h/moteur	turbine changée ? O / N	page
marque et modèle de turbine		état de l'ancienne turbine	
date	h/moteur	turbine changée ? O / N	page
marque et modèle de turbine		état de l'ancienne turbine	
date	h/moteur	turbine changée ? O / N	page
marque et modèle de turbine		état de l'ancienne turbine	
date	h/moteur	turbine changée ? O / N	page
marque et modèle de turbine		état de l'ancienne turbine	
date	h/moteur	turbine changée ? O / N	page
marque et modèle de turbine		état de l'ancienne turbine	
date	h/moteur	turbine changée ? O / N	page
marque et modèle de turbine		état de l'ancienne turbine	

Inspection et changement de turbine de pompe à eau de mer

date	h/moteur	turbine changée ? O / N	page
marque et modèle de turbine		état de l'ancienne turbine	

date	h/moteur	turbine changée ? O / N	page
marque et modèle de turbine		état de l'ancienne turbine	

date	h/moteur	turbine changée ? O / N	page
marque et modèle de turbine		état de l'ancienne turbine	

date	h/moteur	turbine changée ? O / N	page
marque et modèle de turbine		état de l'ancienne turbine	

date	h/moteur	turbine changée ? O / N	page
marque et modèle de turbine		état de l'ancienne turbine	

date	h/moteur	turbine changée ? O / N	page
marque et modèle de turbine		état de l'ancienne turbine	

h/moteur – heures moteur
page – voir la page sur le carnet d'entretien
O / N – oui / non

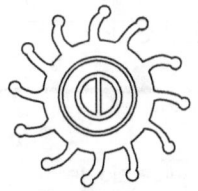

Résumés

date	h/moteur	turbine changée ? O / N	page
marque et modèle de turbine		état de l'ancienne turbine	

date	h/moteur	turbine changée ? O / N	page
marque et modèle de turbine		état de l'ancienne turbine	

date	h/moteur	turbine changée ? O / N	page
marque et modèle de turbine		état de l'ancienne turbine	

date	h/moteur	turbine changée ? O / N	page
marque et modèle de turbine		état de l'ancienne turbine	

Vidange et appoints de liquide de refroidissement

*Commentaires :*_____

date	h/moteur	état de l'ancien liquide	page
liquide vidangé	liquide ajouté L	marque et type de liquide L	
date	h/moteur	état de l'ancien liquide	page
liquide vidangé	liquide ajouté L	marque et type de liquide L	
date	h/moteur	état de l'ancien liquide	page
liquide vidangé	liquide ajouté L	marque et type de liquide L	
date	h/moteur	état de l'ancien liquide	page
liquide vidangé	liquide ajouté L	marque et type de liquide L	
date	h/moteur	état de l'ancien liquide	page
liquide vidangé	liquide ajouté L	marque et type de liquide L	
date	h/moteur	état de l'ancien liquide	page
liquide vidangé	liquide ajouté L	marque et type de liquide L	
date	h/moteur	état de l'ancien liquide	page
liquide vidangé	liquide ajouté L	marque et type de liquide L	
date	h/moteur	état de l'ancien liquide	page
liquide vidangé	liquide ajouté L	marque et type de liquide L	
date	h/moteur	état de l'ancien liquide	page
liquide vidangé	liquide ajouté L	marque et type de liquide L	
date	h/moteur	état de l'ancien liquide	page
liquide vidangé	liquide ajouté L	marque et type de liquide L	
date	h/moteur	état de l'ancien liquide	page
liquide vidangé	liquide ajouté L	marque et type de liquide L	

Vidange et appoints de liquide de refroidissement

date		h/moteur	état de l'ancien liquide		page
liquide vidangé		liquide ajouté	marque et type de liquide		
	L		L		
date		h/moteur	état de l'ancien liquide		page
liquide vidangé		liquide ajouté	marque et type de liquide		
	L		L		
date		h/moteur	état de l'ancien liquide		page
liquide vidangé		liquide ajouté	marque et type de liquide		
	L		L		
date		h/moteur	état de l'ancien liquide		page
liquide vidangé		liquide ajouté	marque et type de liquide		
	L		L		
date		h/moteur	état de l'ancien liquide		page
liquide vidangé		liquide ajouté	marque et type de liquide		
	L		L		
date		h/moteur	état de l'ancien liquide		page
liquide vidangé		liquide ajouté	marque et type de liquide		
	L		L		

h/moteur – heures moteur
page – voir la page sur le carnet d'entretien
L – Litres

liquide de refroidissement diesel pour usage intensif

Résumés

date		h/moteur	état de l'ancien liquide		page
liquide vidangé		liquide ajouté	marque et type de liquide		
	L		L		
date		h/moteur	état de l'ancien liquide		page
liquide vidangé		liquide ajouté	marque et type de liquide		
	L		L		
date		h/moteur	état de l'ancien liquide		page
liquide vidangé		liquide ajouté	marque et type de liquide		
	L		L		
date		h/moteur	état de l'ancien liquide		page
liquide vidangé		liquide ajouté	marque et type de liquide		
	L		L		

Bateau – Inspections et changements de toutes les anodes

Commentaires : _____

date	h/moteur	emplacement anode		page
état de l'ancienne anode		anode changée ? O / N	type	
date	h/moteur	emplacement anode		page
état de l'ancienne anode		anode changée ? O / N	type	
date	h/moteur	emplacement anode		page
état de l'ancienne anode		anode changée ? O / N	type	
date	h/moteur	emplacement anode		page
état de l'ancienne anode		anode changée ? O / N	type	
date	h/moteur	emplacement anode		page
état de l'ancienne anode		anode changée ? O / N	type	
date	h/moteur	emplacement anode		page
état de l'ancienne anode		anode changée ? O / N	type	
date	h/moteur	emplacement anode		page
état de l'ancienne anode		anode changée ? O / N	type	
date	h/moteur	emplacement anode		page
état de l'ancienne anode		anode changée ? O / N	type	
date	h/moteur	emplacement anode		page
état de l'ancienne anode		anode changée ? O / N	type	
date	h/moteur	emplacement anode		page
état de l'ancienne anode		anode changée ? O / N	type	
date	h/moteur	emplacement anode		page
état de l'ancienne anode		anode changée ? O / N	type	

Bateau – Inspections et changements de toutes les anodes

date	h/moteur	emplacement anode		page
état de l'ancienne anode		anode changée ? O / N	type	
date	h/moteur	emplacement anode		page
état de l'ancienne anode		anode changée ? O / N	type	
date	h/moteur	emplacement anode		page
état de l'ancienne anode		anode changée ? O / N	type	
date	h/moteur	emplacement anode		page
état de l'ancienne anode		anode changée ? O / N	type	
date	h/moteur	emplacement anode		page
état de l'ancienne anode		anode changée ? O / N	type	
date	h/moteur	emplacement anode		page
état de l'ancienne anode		anode changée ? O / N	type	

h/moteur – heures moteur
page – voir la page sur le carnet d'entretien

Résumés

ne pas mélanger les types d'anodes– zinc, magnésium ou aluminium

date	h/moteur	emplacement anode		page
état de l'ancienne anode		anode changée ? O / N	type	
date	h/moteur	emplacement anode		page
état de l'ancienne anode		anode changée ? O / N	type	
date	h/moteur	emplacement anode		page
état de l'ancienne anode		anode changée ? O / N	type	
date	h/moteur	emplacement anode		page
état de l'ancienne anode		anode changée ? O / N	type	

Vidanges de saildrive

*Commentaires :*_____

date	h/moteur	état de l'ancienne huile	page
huile vidangée L	huile ajoutée L	marque et grade d'huile	
date	h/moteur	état de l'ancienne huile	page
huile vidangée L	huile ajoutée L	marque et grade d'huile	
date	h/moteur	état de l'ancienne huile	page
huile vidangée L	huile ajoutée L	marque et grade d'huile	
date	h/moteur	état de l'ancienne huile	page
huile vidangée L	huile ajoutée L	marque et grade d'huile	
date	h/moteur	état de l'ancienne huile	page
huile vidangée L	huile ajoutée L	marque et grade d'huile	
date	h/moteur	état de l'ancienne huile	page
huile vidangée L	huile ajoutée L	marque et grade d'huile	
date	h/moteur	état de l'ancienne huile	page
huile vidangée L	huile ajoutée L	marque et grade d'huile	
date	h/moteur	état de l'ancienne huile	page
huile vidangée L	huile ajoutée L	marque et grade d'huile	
date	h/moteur	état de l'ancienne huile	page
huile vidangée L	huile ajoutée L	marque et grade d'huile	
date	h/moteur	état de l'ancienne huile	page
huile vidangée L	huile ajoutée L	marque et grade d'huile	
date	h/moteur	état de l'ancienne huile	page
huile vidangée L	huile ajoutée L	marque et grade d'huile	

Vidanges de saildrive

date	h/moteur	état de l'ancienne huile	page
huile vidangée L	huile ajoutée L	marque et grade d'huile	
date	h/moteur	état de l'ancienne huile	page
huile vidangée L	huile ajoutée L	marque et grade d'huile	
date	h/moteur	état de l'ancienne huile	page
huile vidangée L	huile ajoutée L	marque et grade d'huile	
date	h/moteur	état de l'ancienne huile	page
huile vidangée L	huile ajoutée L	marque et grade d'huile	
date	h/moteur	état de l'ancienne huile	page
huile vidangée L	huile ajoutée L	marque et grade d'huile	
date	h/moteur	état de l'ancienne huile	page
huile vidangée L	huile ajoutée L	marque et grade d'huile	

h/moteur – heures moteur
page – voir la page sur le carnet d'entretien
L – Litres

Huile
pour
saildrive

Résumés

date	h/moteur	état de l'ancienne huile	page
huile vidangée L	huile ajoutée L	marque et grade d'huile	
date	h/moteur	état de l'ancienne huile	page
huile vidangée L	huile ajoutée L	marque et grade d'huile	
date	h/moteur	état de l'ancienne huile	page
huile vidangée L	huile ajoutée L	marque et grade d'huile	
date	h/moteur	état de l'ancienne huile	page
huile vidangée L	huile ajoutée L	marque et grade d'huile	

Saildrives – Inspections et changements des joints en caoutchouc

Commentaires : _____

date	h/moteur	numéro de pièce	page
condition du joint			

date	h/moteur	numéro de pièce	page
condition du joint			

date	h/moteur	numéro de pièce	page
condition du joint			

date	h/moteur	numéro de pièce	page
condition du joint			

date	h/moteur	numéro de pièce	page
condition du joint			

date	h/moteur	numéro de pièce	page
condition du joint			

date	h/moteur	numéro de pièce	page
condition du joint			

date	h/moteur	numéro de pièce	page
condition du joint			

date	h/moteur	numéro de pièce	page
condition du joint			

date	h/moteur	numéro de pièce	page
condition du joint			

date	h/moteur	numéro de pièce	page
condition du joint			

Saildrives – commentaires

Résumés

Autre équipement

date	objet	commentaires

Autre équipement

date	object	commentaires

Résumés

Résumés – commentaires

Résumés – commentaires

Résumés

Mesures et conversions

Test du liquide de refroidissement/antigel avec un hydromètre

2 types populaires d'hydromètre pour liquide de refroidissement/antigel

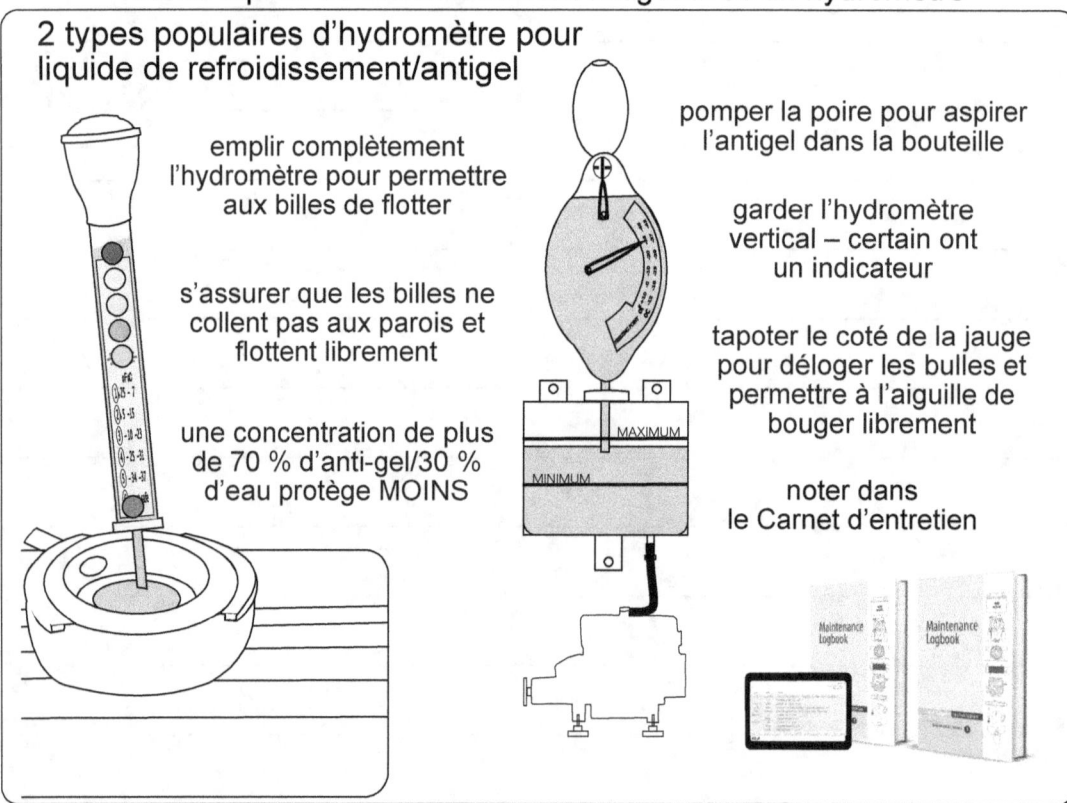

emplir complètement l'hydromètre pour permettre aux billes de flotter

s'assurer que les billes ne collent pas aux parois et flottent librement

une concentration de plus de 70 % d'anti-gel/30 % d'eau protège MOINS

pomper la poire pour aspirer l'antigel dans la bouteille

garder l'hydromètre vertical – certain ont un indicateur

tapoter le coté de la jauge pour déloger les bulles et permettre à l'aiguille de bouger librement

noter dans le Carnet d'entretien

Couple – métrique et impérial

Couple = force nécessaire pour tourner
un objet (tel qu'un arbre d'hélice)

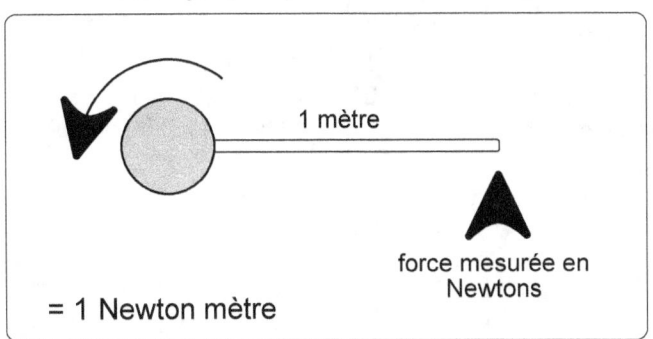

= 1 Newton mètre

N = Newton
Nm = Newton mètre
po oz = pouce ounce
pi lb or pibf = pound force

formule*
Nm X 141.61 = po oz
Nm X 0.738 = pibf
pibf X 1.356 = N m
in oz X 0.007 = nM

1 Newton = force nécessaire pour déplacer 1 kg a distance de 1 mètre par seconde par seconde (par seconde par seconde est la norme mesure de la vitesse d'accélération)

1 Newtonmètre correspond à une force de 1 kg (1 Newton) appliquée avec un levier de 1 mètre pour déplacer ou faire pivoter un objet

1 pied-livre correspond à 1 lb de force appliquée avec un levier à un pied pour déplacer ou faire pivoter un objet.

po oz	pi lb	Nm
5	0.026	0.035
6	0.03	0.04
7	0.036	0.05
8	0.04	0.056
9	0.046	0.06
10	0.05	0.07
15	0.078	0.106
20	0.10	0.141
25	0.13	0.176
30	0.156	0.2
35	0.18	0.47

Mesures

Nm	po oz	pi lb
1	141.6	0.74
2	283	1.475
3	425	2.213
4	566	2.95
5	708	3.69
6	850	4.43
7	991	5.16
8	1133	5.9
9	1274	6.64
10	1416	7.38
20		14.75
30		22.13
40		29.5
50		36.88
60		44.25
70		51.63
80		59
90		66.38
100		73.76

po lb	po oz	Nm
1	192	1.36
2	384	2.7
3	576	4
4	768	5.4
5	960	6.8
6	1152	8.13
7	1344	9.5
8	1536	10.85
9	1728	12.20
10	1920	13.56
20		27
30		40.67
40		54.23
50		67.79
60		81.35
70		94.91
80		108.46
90		122
100		135.58

po lb	in oz	Nm
5	80	0.035
6	96	0.04
7	112	0.05
8	128	0.056
9	144	0.06
10	160	0.07
15	240	0.106
20	320	0.141
25	400	0.176

Diesel – volumes et poids

Fuel

La densité, et donc le poids, du carburant diesel varie selon son mélange (#1 et #2) et sa température – un diesel froid et épais pèse plus que le diesel en été. Le diesel est plus léger que l'eau - sa gravité spécifique varie entre 0,82 et 0,95 ; l'eau douce est 1, l'eau de mer est de 1,025.

1 litre = ± 832 grams or ± 1.87 livres
1 gallon (US) = ± 3.32 kgs ou ± 7.1 lbs
1 gallon (Imp) = ± 3.87 kgs ou ± 8.5 lbs

REMARQUE : les chiffres sont approximatifs en raison de la variation de la densité du carburant et des arrondis

gall imp. = gallon impérial   kg = kilogramme
gall US = gallon US   lb = livre

formule* kg x 1.18 = L kg x 0.31 = Gall US kg x 0.259 = Gall Imp.			
Kilogram	Litre	Gallon US	Gallon impérial
1 kg	1.18	0.31	0.259
2 kg	2.36	0.62	0.518
3 kg	3.54	0.93	0.777
4 kg	4.72	1.24	1.036
5 kg	5.9	1.55	1.295
10 kg	11.8	3.1	2.59
15 kg	17.7	4.65	3.885
20 kg	23.6	6.2	5.18

formule lb x 0.53 = Litre lb x 0.14 = Gall US lb x 0.12 = Gall Imp.			
Livre	Litre	Gallon US	Gallon impérial
1 lb	0.53	0.14	0.12
2 lbs	1.06	0.28	0.24
3 lbs	1.59	0.42	0.36
4 lbs	2.12	0.56	0.48
5 lbs	2.65	0.7	0.6
10 lbs	5.3	1.4	1.2
15 lbs	7.95	2.1	1.8
20 lbs	10.6	2.8	2.4

*exemple: 2 kgs x 1.18 = 2.366 L diesel

formule L x 0.832 = kgs L x 1.87 = lbs		
Litre	kgs	lbs
1 L	0.832	1.87
2 L	1.66	3.74
3 L	2.496	5.61
4 L	3.328	7.48
5 L	4.16	9.35
10 L	8.32	18.7
15 L	12.48	28.05
20 L	16.64	**37.4**

formule G US x 7.10 = lbs G US x 3.32 = kgs		
Gallon US	lbs	kgs
1 G US	7.10	3.32
2 G US	14.2	6.64
3 G US	21.30	9.96
4 G US	28.40	13.28
5 G US	35.50	16.60
10 G US	71	33.20
15 G US	106.50	49.80
20 G US	142	66.4

formule G imp x 8.5 = lbs G imp x 3.87 = kgs		
Gallon imp	lbs	kgs
1 G imp	8.5	3.87
2 G imp	17	7.74
3 G imp	25.5	11.61
4 G imp	34	15.48
5 G imp	42.50	19.35
10 G imp	85	38.70
15 G imp	127.5	58.05
20 G imp	170	77.40

Électricité – courant continu

Électricité – Loi de Georg Ohm

La loi d'Ohm explique la relation entre :
courant (ampères), **résistance (ohms)** et tension.

amps	X	**résistance**	=	tension
tension	÷	**résistance**	=	amps
tension	÷	amps	=	**résistance**

exemple pour calculer la résistance :
$$V \div A\ (I) = R$$
$$12 \div 4 = 3$$

Électricité – Loi de James Watt

La loi de Watt explique la relation entre :
puissance (watts), courant (ampères) et tension (volts).

tension	X	amps	=	**watts**
watts	÷	amps	=	tension
watts	÷	tension	=	amps

exemple pour calculer l'ampérage :

Un appareil de 12 volts est évalué à 80 watts - combien d'ampères ?

$$80 \div 12 = 6{,}67A$$

A l'aide de cette pyramide, lorsque 2 valeurs sont connues, la 3ème valeur peut être calculée

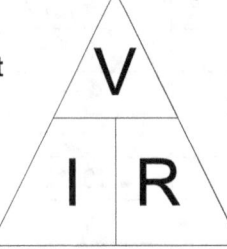

I x R = **Voltage (V)**
V ÷ R = **Amps (I)**
V ÷ I = **Résistance (Ω)**

ampères = ampérages ou I ou courant
résistance = R ou Ω ou ohms
tension = V ou E ou volts

Ampère-heure (AH) – nombre total d'ampères qu'une batterie peut fournir sur une période de 20 heures. Plus la cote est élevée, plus la puissance totale que la batterie peut fournir au fil du temps est importante. La cote AH s'applique aux batteries à cycle profond - une batterie de 100 AH peut fournir environ 5 A pendant 20 heures.

Mesures

Ampères de démarrage à froid (CCA) - courant (ampères) qu'une batterie de 12 V peut produire à -18 °C (0 °F) pendant 30 secondes en maintenant la tension au-dessus de 7,2 volts. Plus la cote est élevée, plus la batterie peut lancer un moteur et plus elle durera longtemps.

Marine Cranking Amps (MCA) - courant (ampères) qu'une batterie de 12 V peut produire à 0 °C (32 °F) pendant 30 secondes tout en maintenant la tension au-dessus de 7,2 volts. Le nombre MCA sera supérieur d'un tiers au classement CCA pour la même batterie.

Capacité de réserve (RC) – Nombre de minutes qu'une batterie fournira 25 ampères tout en maintenant la tension au-dessus de 10,5 V (batterie 12 V) à 26,7 °C (80 °F)

tension	Plomb/acide	AGM	Bat. Gel	Lithium
100%	12.60-12.70	12.80 - 12.90	12.85 - 12.95	13.4 - 14.4
75%	12.40	12.60	12.65	13.2
50%	12.20	12.30	12.35	13.1
25%	12.00	12.00	12.00	13.0
0%	11.80	11.80	11.80	10.0

Convertir CCA en MCA – multiplier CCA par 1,3

Convertir MCA en CCA – multiplier MCA par 0,77

Équivalents métriques, fractionnaires et décimaux communs en pouces

Tailles de trous millimétriques en pouces décimaux et fractionnaires les plus proches
exemple : foret de 2 mm – foret en pouces le plus proche 5/64 – soit 1,95 mm

métrique mm	fraction po	le plus proche mm	décimal po
2	5/64	1.95	0.078
3	1/8	3.1	0.125
4	5/32	3.9	0.156
5	13/64	5.1	0.188
5.5	7/32	5.57	0.219
6	15/64	5.9	0.234
6.5	1/4 or 17/64	6.3 or 6.7	0.248 or 0.267
7	9/32	7.1	0.281
7.5	19/64	7.54	0.297
8	5/16	7.9	0.313
8.5	21/64 Or 11/32	8.3 or 8.7	0.328 or 0.344
9	23/64	9.1	0.359
9.5	3/8	9.55	0.375
10	25/64	9.9	0.391
10.5	27/64	10.72	0.422
11	7/16	11.11	0.438
11.5	29/64	11.51	0.453
12	15/32 or 31/64	11.8 or 12.2	0.469 or 0.484
13	33/64	13.10	0.516
14	35/64	13.8	0.547

Exemples de têtes de vis

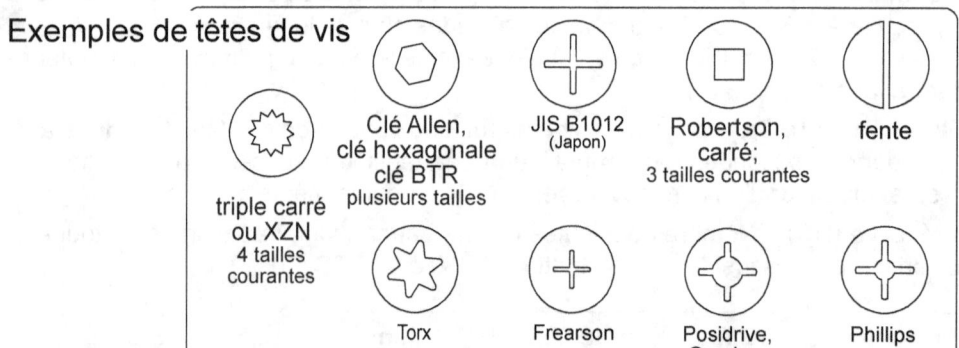

triple carré ou XZN
4 tailles courantes

Clé Allen, clé hexagonale clé BTR
plusieurs tailles

JIS B1012 (Japon)

Robertson, carré;
3 tailles courantes

fente

Torx

Frearson

Posidrive, Quadrex

Phillips

Exemples de têtes de boulons

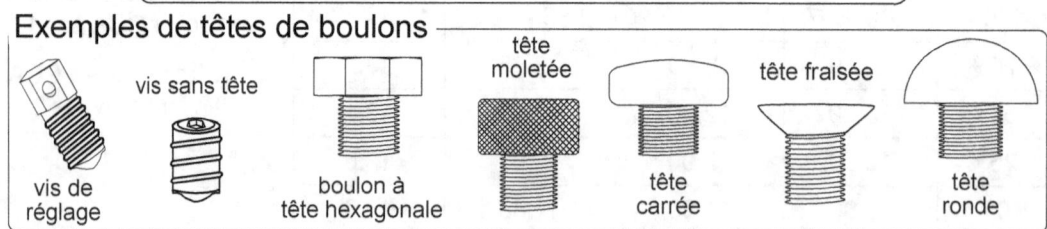

vis de réglage

vis sans tête

boulon à tête hexagonale

tête moletée

tête carrée

tête fraisée

tête ronde

Fractions communes, et équivalent en pouces décimaux et en millimètres métriques

fraction pouce	décimal	métrique mm
1/64	0.016	0.397
1/32	.031	.794
1/16	.063	1.588
1/8	.125	3.175
3/16	.188	4.763
1/4	.250	6.35
5/16	.313	7.938
3/8	.375	9.525
7/16	.438	11.113
1/2	.500	12.7
9/16	.563	14.288
5/8	.625	15.875
11/16	.688	17.463
3/4	.750	19.05
13/16	.813	20.638
7/8	.875	22.225
15/16	.938	23.813
1	1.0	25.4

decimal	fraction pouce	métrique mm
0.0156	1/64	.397
.03124	1/32	.794
.0625	1/16	1.588
.125	1/8	3.175
.1875	3/16	4.762
.250	1/4	6.350
.3125	5/16	7.938
.375	3/8	9.525
.4375	7/16	11.112
0.5	1/2	12.7
.5625	9/16	14.386
.625	5/8	15.875
.6875	11/16	17.462
.750	3/4	19.050
.8125	13/16	20.638
.875	7/8	22.225
.9375	15/16	23.812
1.0	1	25.4

Résistance à la traction des boulons en acier renforcé

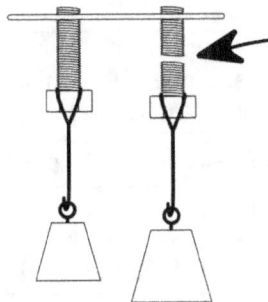

résistance à la traction - traction maximale qu'un matériau peut supporter sans se casser

métrique		anglais	
acier doux	400 MPa		60,000 psi
8.8	827 MPa	SAE 5	120,000 psi
10.9	1,034 MPa	SAE 8	150,000 psi

MPa = MegaPascal   psi = livres par pouce carré

pas de marquage - acier doux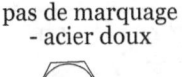

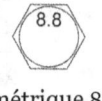

métrique 88

métrique 10.9

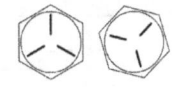

SAE5 - différents styles

SAE 8 - différents styles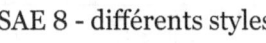

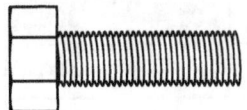

pas de vis grossier
métrique : 1,5
UNC : 16 filets/pouce

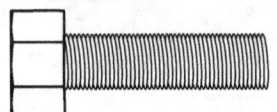

pas de vis fin
métrique : 1,25
UNF : 24 filets/pouce

Longueur/Distance – métrique, impériale et nautique

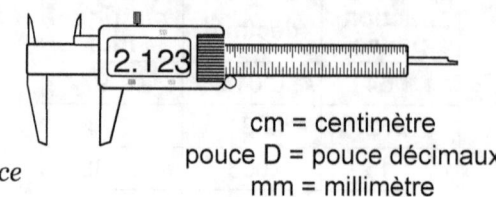

cm = centimètre
pouce D = pouce décimaux
mm = millimètre

mm	pouce
1	0.0394
2	0.078
3	0.1181
4	0.157
5	0.197
6	0.236
7	0.276
8	0.315
9	0.355
10	0.394

cm	pouce
1	0.394
2	0.788
3	1.18
4	1.575
5	1.968
10	3.94
15	5.91
20	7.87
25	9.84
50	19.69
75	29.53
100	39.37

pouce	D pouce	mm
1/8	0.125	3.175
1/4	0.250	6.35
3/8	0.375	9.525
1/2	0.5	12.7
5/8	0.625	15.875
3/4	0.75	19.05
7/8	0.875	22.23

Pouces décimaux

De nombreux micromètres électroniques affichent des pouces décimaux - pas des fractions, c'est-à-dire qu'ils divisent un pouce en 1000 parties, ce qui donne une plus grande précision.
Exemple: 0,650" est légèrement supérieur à 5/8".

pouce	cm
1	2.54
2	5.08
3	7.62
4	10.16
5	12.7
10	25.4
15	38.10
20	50.80
25	63.5
50	127
75	190.5
100	254

formule
mètre x 3.28 = pied
mètre x 1.09 = yard

mètre	pied	yard
1	3.28	1.09
5	16.40	5.47
10	32.81	10.94
15	49.21	16.40
20	65.62	21.87
25	82.02	27.34
50	164.04	54.68
75	246.06	82
100	328.08	109.36

formule
yard x 0.914 = mètre

yard	mètre
1	0.914
5	4.572
10	9.14
15	13.72
20	18.29
25	22.86
50	45.72
75	68.58
100	91.44

formule
brasse x 1.829 = mètre
brasse x 6 = pied

brasse	mètre	pied
1	1.829	6
5	9.144	30
10	18.29	60
15	27.43	90
20	36.58	120
25	45.72	150
50	91.44	300
75	137.16	450
100	182.88	600

Longueur/Distance – métrique, impériale et nautique

km = kilomètre
nd = nœud
nq = mille nautique

formule* km x 0.54 = nq km x 0.62 = mile		
km	**nq**	**mile**
1	0.54	0.62
10	5.40	6.21
20	10.79	12.43
30	16.20	18.64
50	27	31.07
100	54	62.14
300	162	186.41
500	270	310.69
750	404.97	466.03
1000	639.96	621.37

formule nq x 1.852 = km nq x 1.151 = mile		
nq	**km**	**mile**
1	1.852	1.151
10	18.52	11.51
20	37.04	23
30	55.56	34.52
50	92.60	57.54
100	185.20	115.08
300	555.60	345
500	926	575.4
750	1389	863
1000	1852	1150.78

formule mile x 0.87 = nq mile x 1.609 = km		
mile	**nq**	**km**
1	0.87	1.609
10	8.69	16.09
20	17.38	32.19
30	26.07	48.28
50	43.45	80.47
100	86.90	160.93
300	260.69	482.80
500	434.49	804.67
750	651.73	1207
1000	868.98	1609.34

exemple: 1 km x 0.54 = 0.54 nq

Vitesse nd	temps/distance nq	
	12 hrs	**24 hrs**
0.5	6	12
1	12	24
1.5	18	36
2	24	48
2.5	30	60
3	36	72
3.5	42	84
4	48	96
4.5	54	108
5	60	120
6	72	144
7	84	168
8	96	192
9	108	216
10	120	240
11	132	264
12	144	288

Conversions de vitesse (nd, km/h, m/ph)
voir page 200

Mesures

1 minute de latitude = 1 nq
60 minutes de latitude = 1 degré
1 degré = 60 nq
1 mille nautique = 1852 mètres
1 mille nautique = 2025 yards

100 cm = 1 mètre
1 m = 3.28 pied

3 pieds = 1 yard
3 pieds = 0.914 mètre

Poids – métrique et impérial

Eau douce pure
1 litre = 1 kilogramme ou 2,2 livres
1 gallon (US) = 3,78 kg ou 8,34 lb
1 gallon (Imp) = 4,55 kg ou 10,02 lb

Eau de mer (± 3,5 % de salinité)
1 litre = ±1,025 kilogramme ou 2,26 livres
1 gallon US = ± 3,7 kg ou 8,56 lb
1 gallon Imp = ± 4,66 kg ou 10,26 lb
1 mètre cube = ±1020 kg

1 kg = 1000 grammes
1 kg = 35,24 onces
1 kg = 2,2 livres

1 once = 28 grammes
16 onces = 1 livre
1 livre = 454 grammes
1 livre = 0,45 kg

g = grammes
kg = kilogrammes

lb = livres
oz = onnces

formule*		
g x 0.035 = oz		
g x 0.002 = lb		
kg x 35.274 = oz		
kg x 2.2 = lb		
gram	oz	lb
10	0.353	0.022
50	1.76	0.11
100	3.53	0.22
500	17.64	1.1
1 **kg**	35.27	2.2
2 **kg**	70	4.4
3 **kg**	106	6.61
4 **kg**	141	8.82
5 **kg**	176	11

formule	
oz x 28.35 = g	
lb x 454 = g	
oz	**gram**
1	28.35
2	56
3	85
4	113
5	142
10	283
15	425
1 **lb**	454
2 **lb**	907

exemple: 30g x 0.035 = 1.05 oz

formule		
lb x 16 = oz		
lb x 454 = g		
lb x 0.454 = kg		
lb	**oz**	**gram/kg**
1	16	454
2	32	907
3	48	1.36 **kg**
4	64	1.81 **kg**
5	80	2.27 **kg**
10	160	4.54 **kg**
15	240	6.80 **kg**
20	320	9.07 **kg**
25	400	11.34 **kg**

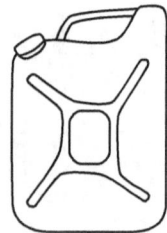

20 l de DIESEL
= 16.64 kgs.
= 37.41 lbs

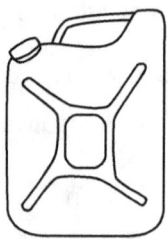

20 l d'eau douce
= 20 kgs.
= 44 lbs

20 l d'eau de mer
= 20.5 kgs.
= 45.2 lbs

Pression – métrique et impériale

Pression atmosphérique (atm) au niveau de la mer
- = ± 1,013 bar
- = ± 760 mmHg
- = ± 101,325 kPa
- = ± 14,7 psi
- = ± 29,921 inHg

formule
psi x 6894.76 = Pa
psi x 2.036 = inHg
psi x 51.72 = mmHg

psi	Pa - kPa	mmHg	inHg
1	6894.76	51.72	2.036
10	68947.60	517.15	20.36
20	137.90 kPa	1034	40.72
30	206.84 kPa	1551	61.08
40	275.79 kPa	2068	81.44
50	344.74 kPa	2585	101.80
100	689.48 kPa	5171	203.60
500	3447.38 kPa	25857	1018
1000	6894.76 kPa	51714	2036

formule*
bar x 100 = kilopascals (kPa)
kilopascal x 0.01 = bar
Pa x 0.0075 = mmHg
Pa x 0.000145 = psi
Pa x 0.000295 = po Hg

bar	kPa	psi	mmHg	po Hg
1	100	14.5	750.06	29.53
2	200	29	1500	59.06
3	300	43.51	2250	88.59
4	400	58	3000	118.12
5	500	72.52	3750	147.65
10	1000	145.04	7500	295.3

exemple: 20 kPa x 0.000145 = 2.9 psi

poHg = pouces de mercure
mmHG = millimètres de mercure
kPa = 1000 pascals
MPa = 1 000 000 pascals
Pa = pascal
psi = livres par pouce carré

formule
Mpa x 145.038 = psi

MPa	psi
1	145
2	290
3	435
4	580
5	725

Mesures

formule
mmHg x 0.039 = inHg
mmHg x 1.33.32 = Pa
mmHg x 0.019 = psi

mmHg	inHg	Pa - kPa	psi
50	1.968	6666	0.967
100	3.94	13.332	1.933
200	7.87	26.66 kPa	3.868
300	11.81	40	5.8
400	15.75	53.33	7.74
500	19.68	66.66	9.67
750	29.53	100	14.50
100 cm	39.37	133.33	19.34

formule
inHg x 25.4 = mmHg
inHg x 3386 = Pa
inHg x 0.491 = psi

inHg	mmHg	Pa - kPa	psi
1	25.4	3386	0.491
2	50.8	6772	0.982
3	76.2	10159	1.473
4	101.6	13545	1.965
5	127	16.93 kPa	2.456
6	152.4	20.32 kPa	2.95
7	177.8	23.70 kPa	3.44
8	203	27.09 kPa	3.93
9	228.6	30.48 kPa	4.42
10	254	33.86 kPa	4.912

Puissance – chevaux-vapeur et kilowatts

1 cheval-vapeur = force requise pour soulever
75 kilogrammes 1 mètre en 1 seconde

1 cheval-vapeur
= 1 metric cheval-vapeur
= 735.5 watts
= 0.7355 kW
= 0.986 hp (britannique)

metric hp	kW	UK/US hp
1	0.735	0.986
5	6.798	4.932
10	7.355	9.863
20	14.710	19.7264
30	22.065	29.5896
40	29.420	39.453
50	36.775	49.316
60	44.13	59.179
70	51.485	69.042
80	58.84	78.9056
90	66.195	88.7688
100	73.55	98.632
120	88.260	118.358
140	102.97	138.085
160	117.68	157.81
180	132.39	177.538
200	147.10	197.26

exemple: 50 mhp x 0.735 = 36.75 kW

ch	cheval-vapeur (735.5 watts)	français
CV	caballo de vapor	espagnol
	cavallo vapore	italien
	cavalo de vapor	portugais
hp	horse-power (745.7 watts)	britannique
PS	Pferdestärke	allemand
ЛС	лошадиная сила	russe
马力	(mǎ lì)	chinois
馬力	(baryoku)	japonais

1 kilowatt (kW) = 1000 watts
1 kW = 1.36 metric hp (mhp)
1 mhp = 0.735 kW

UK/US hp	kW	metric hp
1	0.74569	1.01
5	3.728	5.07
10	7.4569	10.14
20	14.91	20.28
30	22.37	30.42
40	29.8279	40.56
50	37.29	50.5
60	44.74	60.83
70	52.20	70.97
80	59.66	81.11
90	67.11	91.25
100	74.57	101.39
120	89.48	121.66
140	104.40	141.94
160	119.31	162.22
180	134.23	182.50
200	149.14	202.77

exemple: 50 hp x 1.01 = 50.5 mhp

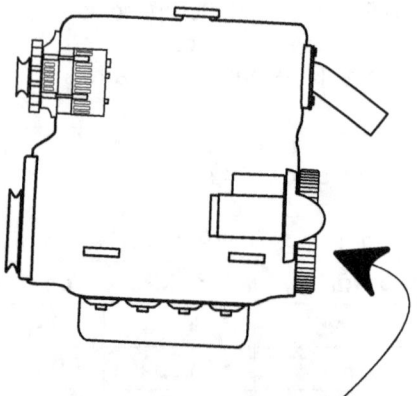

puissance au frein
mesuré à la sortie du
moteur - un peu moins de
ch dû au frottement à
l'intérieur du moteur

puissance au frein
= brake horse power (bhp)

Superficie – métrique et impérial

cm = centimètre
cm^2 = centimètre carré
ft = pied
ft^2 = pied carré
m = mètre
m^2 = mètre carré
mm = millimètre
mm^2 = millimètre carré

formule mm^2 x 0.01 = cm^2 mm^2 x 0.00155 = in^2			
mm x mm	mm^2	cm^2	in^2
2 x 2	4	0.04	0.0062
3 x 3	9	0.09	0.014
4 x 4	16	0.16	0.025
5 x 5	25	0.25	0.039
6 x 6	36	0.36	0.056
7 x 7	49	0.49	0.076
8 x 8	64	0.64	0.099
9 x 9	81	0.81	0.125
10 x 10	100	1	0.155

formule* cm^2 x 0.155 = in^2	
cm^2	$inch^2$
1	0.155
2	0.31
3	0.465
4	0.62
5	0.775
10	1.55
15	2.325
20	3.1
25	3.875
50	7.75
75	11.625
100	15.50

formule in^2 x 6.45 = cm^2	
$inch^2$	cm^2
1	6.45
2	12.90
3	19.35
4	25.81
5	32.26
10	64.52
15	96.77
20	129
25	161
50	322
75	484
100	645

exemple: 3 cm^2 x 0.155 = 0.465 $pouce^2$

formule* m^2 x 10.76 = ft^2	
m^2	ft^2
1	10.76
2	21.53
3	32.28
4	43.06
5	53.82
10	107.64
15	161.46
20	215.28
25	269
50	538
75	807
100	1076

formule ft^2 x 0.0929 = m^2	
ft^2	m^2
1	929 cm^2
2	0.186
3	0.279
4	0.372
5	0.465
10	0.93
15	1.39
20	1.86
25	2.32
50	4.65
75	6.97
100	9.29

Mesures

Métrique
100 mm² équivaut à 1 cm^2
10,000 cm² équivaut à 1 m^2
646 mm² équivaut à 1 $pouce^2$

Impérial
144 pouces² équivaut à 1 $pied^2$
9 pied² équivaut à 1 $yard^2$
10.76 pied² équivaut à 1 m^2

exemple: 3 m^2 x 10.76 = 32.28 $pied^2$

Tailles des trous de taraudage et de perçage en millimètres et en pouces

mm taille du taraud	mm taille de la perceuse	taille de foret en pouces
2	1.5	1/16
3	2.5	3/32
4	3.5	9/64
5	4.5	11/64
6	5	13/64
7	6	15/64
8	7	9/32
10	9	23/64
12	10.5	13/32
14	12.5	31/64

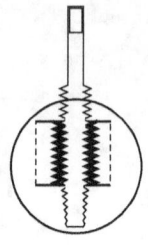

les tarauds chanfreinés sont les plus commun

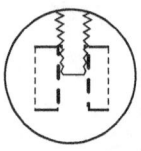

les tarauds chanfreinés sont plus pratiques pour commencer verticalement dans le trou percé

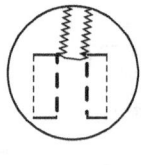

les tarauds non chanfreinés sont moins pratique pour démarrer exactement à la verticale

taille du robinet en pouces	taille de foret en pouces	mm taille du foret
1/8	3/32	2.38
1/4	7/32	5.5
5/16	9/32	7
3/8	5/16	8
1/2	15/32	12
5/8	35/64	14
3/4	11/16	17.5
7/8	13/16	20.5
1	7/8	22

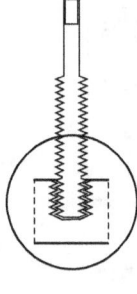

les tarauds non chanfreinés sont utilisés pour tarauder un trou borgne (c'est-à-dire sans sortie)

REMARQUE : les tailles de foret indiquées sont des équivalents courants (Les forets de 1,6 mm ne se trouvent pas sur de nombreux bateaux !)

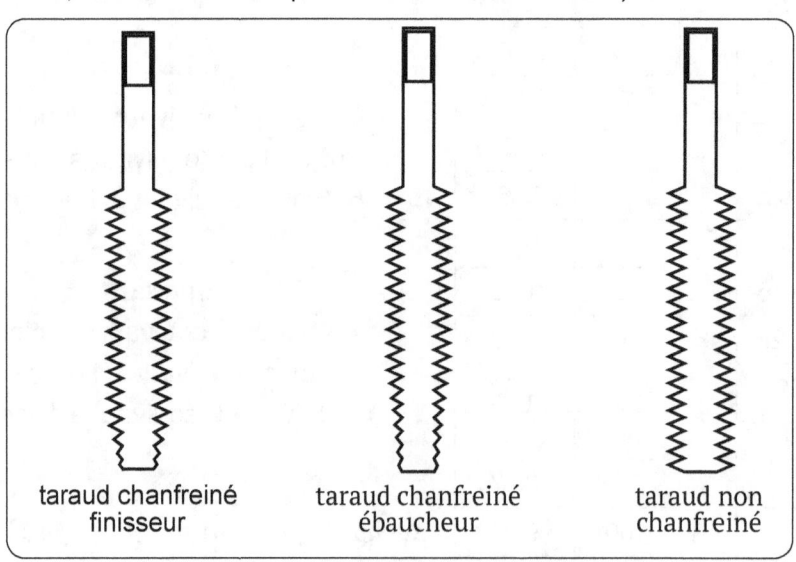

taraud chanfreiné finisseur   taraud chanfreiné ébaucheur   taraud non chanfreiné

Température – C et F

température de fonctionnement du moteur	°C	°F
refroidissement indirect	70 - 85 °C	158 - 185 °F
refroidissement direct	55 - 70 °C	131 - 158 °F

caractéristiques diesel	°C	°F
point d'éclair diesel temp. Min. ou les vapeurs de diesel vont brûler	52 - 82 °C	125 - 180 °F
auto-allumage diesel - temp. min. ou le carburant s'enflammera sans source	210 °C	410 °F
temp. de l'air du cylindre avant l'injection	500 °C	920 °F
température de la flamme (gaz de combustion)	1400 °C	2550 °F
température diesel au collecteur d'échappement	300 - 1000 °C	1470 - 1800 °F
température d'échappement après injection d'eau de mer	40 - 50 °C	104 - 122 °F

températures approximatives uniquement
- les températures précises dépendent de nombreuses variables

pour convertir de C vers F

$$1 \ °C \times 1.8 + 32 = °F$$

exemple: 10 °C x 1.8 = 18 + 32 = 40 °F

pour convertir de F vers C

$$1 \ °F - 32 \times 0.5566 = °C$$

exemple: 56 °F - 32 = 24 x 0.5566 = 13 °C

Mesures

	°C	°F
point d'ébullition de l'eau pure au niveau de la mer	100 °C	212 °F
point de congélation de l'eau pure au niveau de la mer	0 °C	32 °F
point de congélation de l'eau de mer (3,5 % de salinité)	2 °C	28 °F

**Température de l'eau pour former
tempêtes tropicales tournantes : 26 °C (79 °F)**

Noms par zone :
Cyclone – Océan Indien
Ouragan – Océan Atlantique, Océan Pacifique
Typhon - Pacifique occidental, mer de Chine méridionale

Vitesse – métrique, impériale et nautique

pi/s = pied par seconde
nd = noeud (1 mile nautique par heure)
km/h = kilomètres par heure

m/ph = miles par heure
m/s = mètres par seconde

formule*				
km/h x 0.278 = m/s				
km/h x 0.54 = nœud				
km/h x 0.621 = m/ph				
km/h x 0.911 = pi/s				
km/h	m/s	nœud	m/ph	pi/s
1	0.28	0.54	0.62	0.911
5	1.39	2.7	3.11	4.56
10	2.78	5.4	6.21	9.11
15	4.17	8.10	9.32	13.67
20	5.56	10.8	12.43	18.23
25	6.95	13.5	15.53	22.78
30	8.34	16.2	18.64	27.34

exemple: 5 kph x 0.54 = 2.7 nœud

formule				
m/s x 3.6 = km/h				
m/s x 1.944 = nœud				
m/s x 2.237 = m/ph				
m/s x 3.281 = pi/s				
m/s	km/h	nœud	m/ph	pi/s
1	3.6	1.94	2.24	3.28
5	18	9.72	11.18	16.40
10	36	19.44	22.37	32.81
15	54	29.16	33.55	49.21
20	72	38.88	44.74	65.62
25	90	48.60	55.92	82.02
30	108	58.31	67.11	98.42

formule				
nœud x 1.852 = km/h				
nœud x 0.514 = m/s				
nœud x 1.688 = pi/s				
nœud x 1.151 = m/ph				
nœud	km/h	m/s	m/ph	pi/s
1	1.85	0.51	1.15	1.69
2	3.7	1.03	2.3	3.38
3	5.56	1.54	3.45	5.06
4	7.41	2.06	4.6	6.75
5	9.26	2.57	5.75	8.44
10	18.52	5.14	11.51	16.88
15	27.78	7.71	17.26	25.32

formule				
m/ph x 1.609 = km/h				
m/ph x 0.447 = m/s				
m/ph x 1.467 = pi/s				
m/ph x 0.869 = nœud				
m/ph	km/h	m/s	knots	pi/s
1	1.61	0.45	0.87	1.47
5	8.05	2.24	4.34	7.33
10	16.09	4.47	8.69	14.68
15	24.14	6.71	13.03	22
20	32.19	8.94	17.38	29.33
25	40.23	11.18	21.72	36.67
30	48.28	13.41	26.07	44

1 nœud = 0.5144 mètres par seconde
1 kilomètre = 0.278 mètres par seconde

nœud x temps = distance
voir page 193

Volume – métrique et impérial

1000 millilitres = 1 litre
16 Fl. Oz US = 1 pinte US
20 Fl. Oz Imp = 1 pinte Impérial
2 pintes = 1 quart
8 pintes = 1 gallon

fl.oz US = once liquide américaine
fl.oz Imp = once liquide impériale (britannique)
mL = millilitre
L = litre

G (États-Unis) = gallon américain
G (Imp) = gallon impérial
Pt (États-Unis) = pinte américaine
Pt (Imp) = pinte impériale

formule		
mL x 0.034 = Fl. Oz US		
mL x 0.035 = Fl. Oz Imp.		
mL	Fl Oz. US	Fl Oz Imp.
5	0.17	0.176
10	0.35	0.35
25	0.85	0.88
50	1.69	1.76
100	3.38	3.52
250	8.45	8.80
500	16.91	17.60
750	25.36	26.40

formule		
Fl Oz. US x 29.574 = mL		
Fl. Oz US x 1.04 = Fl. Oz Imp.		
Fl Oz. US	mL	Fl Oz Imp.
1	29.57	1.04
2	59	2.08
3	89	3.12
4	118	4.16
5	148	5.20
10	296	10.41
15	444	15.61
20	591	20.82

formule		
Fl. Oz Imp. x 28.41 = mL		
Fl. Oz. Imp. x 0.961 = Fl. Oz. US		
Fl Oz. Imp.	mL	Fl Oz US
1	28.41	0.96
2	57	1.92
3	85	2.88
4	114	3.84
5	142	4.8
10	284	9.6
15	426	14
20	568	19

Pint US	Pint Imp.
1	0.83
2	1.66
3	2.5
4	3.33
5	4.16

Pint Imp.	Pint US
1	1.20
2	2.4
3	3.6
4	4.8
5	6

formule
pint US x 0.833 = pint Imp.
pint Imp. x 1.2 = pint US

20 gouttes de pluie = ± 1mL

Litre	G US	G Imp.	Fl Oz US	Fl. Oz Imp.
1	0.26	0.22	33.81	35.19
2	0.56	0.44	67.63	70.39
3	0.79	0.66	101.44	105.59
4	1.06	0.88	135.26	140.78
5	1.32	1.10	169.07	175.98

formule*
L x 0.264 = G US
L x 0.22 = G Imp.
L x 33.81 = Fl Oz. US
L x 35.19 = Fl. Oz. Imp

Mesures

exemple: 2L x 0.22 = 0.44 Gallon Imp.

formule				
G US x 3.78 = L				
G US x 0.833 = G Imp.				
G US x 128 = Fl Oz. US				
G US x 133.23 = Fl. Oz. Imp				
G US	L	G Imp.	Fl Oz US	Fl. Oz Imp.
1	3.78	0.83	128	133.23
2	7.57	1.66	256	266.46
3	11.36	2.5	384	399.68
4	15.14	3.33	512	532.91
5	18.93	4.16	640	666.14

formule				
G Imp x 4.546 = L				
G Imp x 1.20 = G US				
G Imp x 153.72 = Fl Oz. US				
G Imp x 160 = Fl. Oz. Imp				
G Imp	L	G US	Fl Oz US	Fl. Oz Imp.
1	4.55	1.20	153.72	160
2	9.09	2.4	307.44	320
3	13.64	3.6	461.17	480
4	18.18	4.8	614.89	640
5	22.73	6	768.61	800

date

*date*_____

Commentaires

*date*_____

*date*_____

_____

_____

_____

_____

_____

_____

_____

_____

_____

_____

_____

_____

Commentaires

_____

_____

_____

_____

_____

Index

Index

Série sur les Marine Diesel Basics

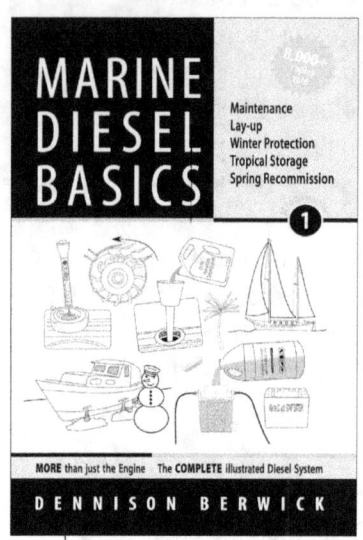

Marine Diesel Basics 1

- Entretien
- Désarmement
- Protection hivernale
- Stockage tropical
- Remise en service du printemps

- 350+ illustrations claire
- 212 pages
- 2ème édition
- livre de poche relié, livre broché couverture rigide, e-book, reliure spirale
- Disponible en anglais seulement – liste de traduction des mots technique disponible gratuitement sur notre site
- **9 000+ vendus**

« . . . Le meilleur guide sur le sujet que j'ai vu, ce livre a un place sur chaque bateau équipé d'un moteur diesel. »
– *Sail Magazine*

« . . . c'est une source de d'information essentielle pour quiconque débute sur les moteurs diesel en raison de ses illustrations claires. . . Je le recommande fortement. » – *Good Old Boat*

« "Le meilleur guide disponible. » – *Australian Sailing*

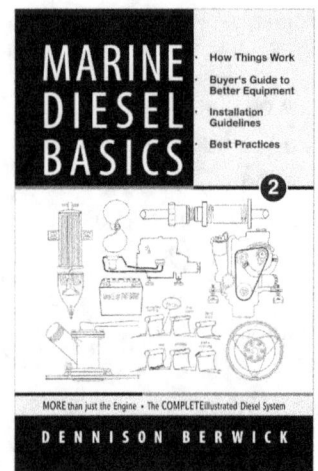

Marine Diesel Basics 2

- Comment les choses fonctionnent
- Guide de l'acheteur pour un meilleur équipement
- Directives d'installation
- Les bonnes habitudes a prendre
- 2000+ illustrations • 500 pages

Publication prochaine

www.marinedieselbasics.com

- 2500+ manuels gratuits
- listes de contrôle gratuites
- listes de traductions des mots commun gratuites

MDB Librairie

Manuels de moteur